姚泽民 主编

旗袍设计与剪裁

喻双双 著

化学工业出版社
·北京·

旗袍是中国传统服饰中的一颗明珠，是优雅、知性的服饰典范。《旗袍设计与剪裁》介绍了旗袍的文化传承与特色，旗袍的面料、结构、配饰以及旗袍的剪裁与手工制作，使专业人士学习、掌握经典旗袍的设计与制作工艺，同时，让普通旗袍爱好者了解旗袍。

图书在版编目（CIP）数据

旗袍设计与剪裁/喻双双著. —北京：化学工业出版社，2018.9（2019.5重印）
（旗袍文化传承系列/姚泽民主编）
ISBN 978-7-122-32402-3

Ⅰ.①旗… Ⅱ.①喻… Ⅲ.①旗袍-设计②旗袍-服装量裁 Ⅳ.①TS941.717.8

中国版本图书馆CIP数据核字（2018）第130381号

责任编辑：邢　涛　　　　装帧设计：韩　飞
责任校对：王　静

出版发行：化学工业出版社（北京市东城区青年湖南街13号　邮政编码100011）
印　　装：北京东方宝隆印刷有限公司
710mm×1000mm　1/16　印张13　字数210千字　2019年5月北京第1版第3次印刷

购书咨询：010-64518888　　售后服务：010-64518899
网　　址：http://www.cip.com.cn
凡购买本书，如有缺损质量问题，本社销售中心负责调换。

定　　价：98.00元

“旗袍文化传承系列”
编委会

出版说明

旗袍是中国服饰的精粹，是中国传统文化的象征，是中国女性形象的标识之一。旗袍的审美不仅仅代表着中国服饰的审美格调，也代表着中国审美文化的质量。

旗袍是中国悠久的服饰文化中璀璨的明珠之一。1984年，旗袍被国务院指定为我国女性外交人员礼服。从1990年北京亚运会起，旗袍便成为重大活动礼仪服装之一。2011年5月23日，旗袍手工制作工艺被国务院列为第三批国家级非物质文化遗产之一。2014年11月，在北京举行的第22届亚太经合组织会议上，中国政府选择旗袍作为与会各国领导人夫人的服装。

在很多西方人的印象中，旗袍代表了中国。近年来，世界各地纷纷成立了旗袍组织，举办各种各样的旗袍活动，吸引了更多的爱美女性参与其中。越来越多的人关注旗袍及旗袍文化。但是旗袍工艺实践与旗袍文化审美理念和现实需求之间的矛盾，让众多旗袍爱好者无所适从。

鉴于此，姚泽民工作室联合化学工业出版社共同打造“旗袍文化传承系列”丛书，其目的就是要使更多的人提高旗袍审美能力，真正了解旗袍工艺及旗袍文化，懂得欣赏并享受旗袍之美，使我们的生活因为旗袍变得更加美好。

姚泽民工作室

2018年3月

前 言

“人人谈旗袍，却没有几位懂旗袍；人人穿旗袍，却没有几位穿好了旗袍。”用这句话形容当前的“旗袍热”并不为过。因此，《旗袍设计与剪裁》应运而生。旨在让旗袍专业人士通过本书系统了解经典旗袍设计理念和制作工艺。同时，让更多热爱旗袍的女性了解旗袍，了解“什么是旗袍？”“旗袍是怎么来的？”“旗袍的特色是什么？”“如何选择旗袍？”“如何穿搭旗袍？”等。

从一名旗袍爱好者成长为经典旗袍文化理念的倡导者，我从关注旗袍的盘扣艺术到整个旗袍制作工艺；从研究旗袍造型设计艺术到旗袍文化精神理念；从践行经典旗袍文化设计理念到旗袍文化审美弘扬——我越来越强烈地感觉到作为旗袍人的使命和责任感。在本书里，我将10年来一直倡导的经典旗袍文化理念贯穿始终，第一次提出经典旗袍六要素，第一次提出“高贵、知性、坚忍、包容”的旗袍文化精神内涵。书中大量采用实物案例，对旗袍的制作工艺进行了详细的介绍，有利于促进精湛的手工制作工艺的传承与发展。

旗袍不仅是中华民族的文化符号，更是一种雅致的生活方式。选择了旗袍就是选择了一种生活方式，旗袍文化的传承与发展即是这种生活方式的延续。脱离了生活方式和旗袍女性，旗袍就仅仅是一件衣服而已，文化也就无从谈起了。希望通过本书抛砖引玉，让更多的人了解关注旗袍及旗袍文化，不断丰富旗袍工艺制作实践和引领旗袍文化审美格调。

喻双双

2018 年 3 月 15 日于北京

目录

·旗·袍·设·计·与·剪·裁

第三章　旗袍的设计 019

旗袍的渊源与历史

一、旗袍的概念

旗袍是指民国旗袍，不包括“旗人之袍”或“旗女之袍”。

改革开放后早期，基于政府提倡的“中华民族是一家”政策，同时为了证明旗袍具有悠久的历史和高贵的出身，研究旗袍的学者有意识地把民国旗袍和清代旗人服饰之间的关系更多地联系起来。

清朝北方满蒙主体的八旗妇女的长袍——“旗女之袍”

“旗袍”与清代“旗人之袍”或“旗女之袍”是不同的概念。在整个清代浩瀚的文献中，“旗袍”一词从未出现。在清代，旗人称呼自己所穿的袍服为旗服或旗装，满语称呼为“衣介”。“旗袍”二字作为一个具有特定意义的词出现，最早见于1918年沈寿口述、张謇笔录的《雪宧秀谱》一书中：“绷有三：大绷旧用以绣旗袍之边，故谓之边绷”。这里的旗袍是指代某种刺绣服饰的名词。

旗袍指民国旗袍，即在民国时期发展成熟并形成较稳定形态的女子袍服。包铭新在《中国旗袍》一书中也对这个问题作了专门的阐述：“把旗袍视为旗人之袍或旗女之袍，虽看似无大错，却难免有望文生义之嫌，旗袍的内涵要比旗人之袍或旗女之袍丰富得多。”同时他还认为：“狭义地说，旗袍就是民国旗袍，当然也可以包括民国以后基本保持民国旗袍特征的旗袍。”

卞向阳在其《论旗袍的流行起源》一文中说到：“所谓‘旗袍’，指衣裳连属的一件制服装（One-Piece Dress），同时，它必须全部具有或部分突出以下典型外观表征：右衽大襟的开襟或半开襟形式，立领盘纽、摆侧开衩的细节布置，单片衣料、衣身连袖的平面裁剪等。通常意义上的旗袍，一般是指20世纪民国以后的一种女装式样。”

在民国时期的杂志上，也有许多关于“旗袍”概念的讨论，如1937年《现代家庭》杂志上署名昌炎的作者撰文《十五年来妇女旗袍的演变》中写道：“什么是旗袍，可说是民国纪元后适合新时代中华女子经变演出来的一种新产物”。

身着经典旗袍的明星

身着经典旗袍的民国女性

由此可见，旗袍是民国才出现的。旗袍与“旗人之袍”或“旗女之袍”是不同的概念。

二、旗袍的渊源

旗袍的产生离不开当时政治、文化等各种社会观念的影响以及审美观念的影响。民国之初，剪辫发，易服色，把属于封建朝代的冠服等级制度送进了历史博物馆，这一切为旗袍的诞生创造了政治条件。中国的“五四”新文化运动，人们接受一些新的思想观念，也促进了女性的身心解放。民国女性追求自由、平等、独立的思潮以及女权主义运动的兴起是旗袍产生的文化思想条件。

民初女性为寻求思想的独立和解放，效仿男子穿长袍。中国汉族女性自汉代后，服饰逐渐只穿“上衣下裳”式，俗称“两截衣”，穿袍服几乎成为男性的专利。女性穿“两截衣”也成了封建礼教对女性压迫的象征。经过辛亥革命胜利后

女学生的“文明新装”

锯齿形边缘的旗袍短袄

的女子放足、剪发运动，女性的解放在20世纪20年代中期得到了蓬勃的发展。伴随女权运动的兴起，女子穿着男子长袍的现象在全国也越来越普遍。当时北京的报纸载文："如今的女子剪发了，足也放了，连衣服也多穿长袍了。我们乍一见时，辨不出他是男是女，将来的男女装束必不免有同化之一日。"不仅北京如此，"在广州通衢大道之中，其穿长衫之女界，触目皆是。……而无论贫富贵贱之家，若系女界之年少者，一若非具备一长衫，即不足以壮观瞻。"，由此可以看到当时年轻女性着男子长袍已是成为一种风气。

身着蕾丝旗袍的民国明星

审美意识观念发展带来了时尚潮流。暖袍、文明新装、马甲旗袍、倒大袖旗袍、蕾丝旗袍，每一种新款式的出现，无疑都是一次时尚浪潮。旗袍作为时髦之物，影响着当时的女性服饰潮流。例如蕾丝旗袍的产生。蕾丝作为欧洲女性普遍追求的时尚，以及性感的代名词，在旗袍上广泛运用，迎合当时的审美趋势。五四运动后兴起的“文明新装”，因其朴素大方、清纯淡雅，很快被城市女性引为时尚，纷纷仿效。“学生装”的流行与当时特定的社会心理有关，一时成为时尚、知性、文明的代表。

三、旗袍的发展历程

风行于20世纪30年代的旗袍，是由中国传统袍服由民国女性在穿着中吸收西洋服装式样不断改进而定型的。

1. 第一阶段：古典或传统（辛亥革命之后到民国初期）

古典或传统时期是属于旗袍发展的雏形阶段。传统时期经历了“暖袍”、“马甲”和“倒大袖”三个典型阶段。

（1）暖袍阶段

1921年上海出版的《解放画报》中《旗袍的来历和时髦》一文提到“近日某某公司减价期间，来来往往的妇女都穿着五光十色的旗袍”，也就是说20世纪20年代初期，上海就已出现旗袍，而且是“五光十色”的旗袍。同时期的媒体记载文字中也有将其称为“暖袍”的。

（2）马甲旗袍阶段

20世纪20年代中期，一种新式的“马甲旗袍”（即无袖旗袍）诞生。民国批评家成方吾在1926年写道：“现在他们为第一步的革命，先把旗袍的两袖不要，这是中华民国的女国民一年以来的第一件大事业、第一大功绩”。这段文字是无袖旗袍在1925 ~ 1926年出现的有力佐证。无袖旗袍并不单独穿着，而是穿在倒大袖袄衫的外面。

民国女子的“暖袍”

（3）倒大袖阶段

1926年的《新申报》中的广告多次出现穿着马甲旗袍的美女。到了1927年，广告中的美女都穿有袖子的旗袍。倒大袖袄衫和长马甲合并演变成了旗袍，曾经被去掉的袖子重新被装上，穿着层次减少，更方便快捷了。旗袍在边、袖、襟、领等处作了一些改动，增加了装饰，出现了繁复的变化。整个袍身呈“倒大”的形状，但肩、胸乃至腰部，则已呈合身的趋势。

身穿马甲旗袍的女子

无论暖袍、马甲旗袍还是倒大袖旗袍都是旗袍的传统式样，沿袭了传统服装的剪裁方式。这些服装仍保持平直宽大的风格，显露不出女性的窈窕身段。

2. 第二阶段：改良（20世纪20年代后期到30年代早期）

20世纪20年代后期，受西方审美观念的影响，旗袍款式不断改良。这一时期，旗袍在长短、宽窄、开衩高低以及袖长袖短、领高领低等方面的改动变化有所反复。1929年，受欧美短裙影响，原来长短适中的旗袍开始变短，下摆上缩至膝盖，袖口变短变小。后来又有校服式旗袍，下摆缩至膝盖以上1寸，袖子采用西式。这一改变遭到非议，1931年后旗袍又开始变长，下摆下垂。20世纪30年代中期发展到极点，袍底落地遮住双脚，称为“扫地旗袍”。

身着“扫地旗袍”的民国影星

3. 第三阶段：经典（20世纪30年代中期）

20世纪30年代和40年代是旗袍的黄金时代，也是近代中国女装最为光辉灿烂的时期。自20世纪30年代起，旗袍几乎成了中国妇女的标准服装，民间妇女、学生、工人、达官显贵的太太，无不穿着。旗袍的局部被西化，在领、袖、腰等部位采用了西式的处理，如用荷叶领、西式翻领、荷叶袖等，或用左右开襟的双襟。这时的旗袍造型纤长，与此时欧洲流行的女装廓形相吻合。

改良后的旗袍彻底摆脱了老式样，成为中国女性独具民族特色的时装之一。旗袍在这一时期成熟定型，以后的旗袍再也跳不出20世纪30年代旗袍所确定的基本形态，只是在长短、肥瘦及装饰上做些变化。全世界女性们所钟爱的旗袍，就是以20世纪30年代旗袍为典型的。旗袍在保留中国传统服饰特征的同时，又吸收了西式元素，形成了最完美的服装造型款式。

身着双襟旗袍的女子

4. 第四阶段：衰败（20世纪30年代中后期至今）

20世纪30年代后期，国内尤其是上海这样的大都会，因华洋杂居，受西方文化影响，服饰也发生潜在的变革。旗袍与西式外套的搭配也是“别裁派”的一个特点，这使得旗袍进入了国际服装大家族，可以与多种现代服装组合，裁剪方式也西化了。各种带有旗袍元素的时装让人眼花缭乱，应接不暇。这些新式西化服装已经完全跳出了传统服装的局限，大都采用西式的立体剪裁方式，省去精致的传统手工工艺，采用侧拉链或后背拉链、上肩袖、颈部镂空等，已经脱离了旗袍的概念，被称为旗袍裙、旗袍礼服等。

在中华人民共和国成立之初，“旗袍”这一文化符号的地位较高，象征着端庄、典雅、古朴。这一时期的普通劳动人民，生活的重心由追求衣着美，转换成了对革命工作的狂热，旗袍在这一人群中暂被搁置，成为高端社会地位的象征，因此在这一阶段，旗袍的生存发展空间较小。

改革开放以来，随着市场经济的快速发展，快餐式文化的泛滥，各种带有旗袍元素的旗袍裙、旗袍制服、旗袍礼服等大行其道，而民国旗袍却难觅踪影。人们只能通过电影电视等作品一睹民国旗袍的风采。另外影视作品通过对一些边缘角色的塑造，夸大和宣扬旗袍妩媚、性感的特质，而弱化了旗袍所体现的端庄、高贵、知性美的特征，所以市场上出现了很多“旗袍”都是面料、工艺粗糙，价格低廉的“演出服”。

随着传统文化重新被重视，旗袍和旗袍文化又重新得到传承与发展。关于旗袍及旗袍文化研究的匮乏已经引起越来越多的关注。

第二章 旗袍与中国文化

服饰是人类特有的文化现象。综观中华几千年的服饰变迁，它积淀的文化内涵博大精深。服饰文化不仅仅是当时的经济水平、思想状况和审美情趣的反映，更是一个民族个性化、差异化的体现。旗袍的历史不过一百年，但是却没有哪一种服饰能够与它媲美，让今天的我们一次次回眸民国以及那个时代的人和事。旗袍不仅仅是一种服饰，更是一种文化。

一、旗袍的文化地位

郭沫若曾经说过："衣裳是文化的表征，衣裳是思想的形象"。人们进入文明社会以来，服装就已经成为一种符号，而旗袍因具备良好的传承性和中国传统服饰的代表性，成为中国文化与审美的特有符号，而这一萌生于旧社会的产物，带着它"旧"的面容，在新社会中不断前进，不断突破，造就了新的文化含义。

1. 旗袍是中国传统文化的象征

经过民国旗袍文化的流行浪潮，在中华人民共和国成立到改革开放的几十年间，旗袍经历了新的文化洗礼。随着国家的政治状况，"旗袍"旧的文化含义被批判性保留，且赋予了诸多新的内涵。旗袍成为传统文化的象征。

宋庆龄曾在年轻时候送给国际友人波莉一件旗袍，后这件旗袍被波莉转送给斯诺夫妇，这件轶事多年被人尘封不提，而在1998年这件衣服漂洋过海从美国"回归"中国，在北京后海北沿46号的宋庆龄故居陈列，这件事情体现了民众对旗袍的再度认可。

宋美龄对旗袍的酷爱，也充分说明了旗袍是中国传统文化的象征。正是受传统文化影响，宋美龄从不穿暴露的服饰，甚至也反对女性穿长裤。她认为女性应该有与男性截然不同的服饰特点，所以在她漫长的一生中，很少有穿长裤的画面。即使在她步入百岁之龄，依然与旗袍为伴。

2. 旗袍是中国女性形象的标识

宋美龄被誉为"旗袍第一夫人"。她自幼留学美国，生活方式非常西化，回国后也一直保持西方的饮食习惯，但是她的穿衣风格却是一贯的中国味道。在宋美龄的衣柜里，全是旗袍的影子，她喜欢旗袍，是因为旗袍最能凸显出东方女性的魅力，加上她自身拥有窈窕的身材，配上旗袍更能展示她的身姿，不得不承认，她用她的美让旗袍聚焦了世界的目光。

旗袍多为有文化阅历的妇女所穿，伴随着知性、高贵的气场。民国文化女性的名字，总伴随着她们的旗袍照，例如宋氏三姐妹、吴健雄、吴贻芳、阮玲玉、周璇、张爱玲、林徽因、萧红和丁玲等。旗袍不会孤立地存在，它与穿旗袍的女性互相造就，二者相得益彰。无数民国名媛所书写的传奇人生让我们一次次回望那个时代。旗袍成为东方女性美的形象标识，并且一直影响到现在。

二、旗袍的文化内涵

1. 旗袍是中国传统美学内涵的映射

旗袍之美不仅仅是服饰美，更是艺术美、精神美。旗袍体现的是“藏”与“露”的艺术，“传统”与“时尚”的统一，“中”与“西”的融合。百年旗袍，是永恒的经典。

（1）和之美

旗袍体现了和之美。“和”是中国美学的重要范畴，是中华民族精神在美学上的重要体现，它融合了农业自然经济形态之下，人们所形成的“天人合一”、“人人相和”的文化意识与民族心理。“和”在中国美学范畴中具有兼容并蓄的意义与功能，其精神实质是追求人生与艺术的统一，追求善与美、情与理、个体与社会的和谐。

首先，旗袍含蓄、内敛，具有一种不张扬的温婉之美，虽然在某种意义上来说，旗袍是受西方女性主义思想熏染的产物，主要彰显了一种女性的主体意识和主体精神，但和谐之美依然是旗袍之美的第一要素。

其次，旗袍还是儒家礼制秩序的物质体现。“仁、义、礼、智、信”是儒家思想的主要内容，其中“仁”是儒家文化的核心思想，具体表现为“忠”和“恕”，概括为道德上的理想主义与普遍和谐。中国人不赞成“太触目”的女人，平平淡淡的美德是一种潜伏在所有女性美定义中的首位要素，同时也渗入到女性的服装美中。旗袍的形态美虽然在众多的传统服饰中占有优势地位，但这些形态上的美感依然是遵照自古以来的传统美学建立在礼制基础上的“中庸和谐”观念的。

中国传统文化中的服饰，除了受儒家文化的影响外，还受阴阳五行文化的影响。深受传统服饰影响发展而来的旗袍，在色彩的搭配过程中体现了中华民族的智慧，它不是各个时期“正色”的呆板叠加或者“撞色”，而是在不同的色彩组合中透露出一份宁静的“和谐”，各种色彩在渐变中自然地调和了色差强烈可能造成的差异，使得旗袍的色彩在不失和谐的气息里变得更加丰富。

道家文化对中国传统服饰的影响主要表现在对士人服饰的影响中，由于道本体玄虚微妙，无色无味，无形无质，所以中国传统士人服饰以质素为第一，在一定意义上表现了“天和”的思想。就其对女性旗袍的影响来说，质素依然是旗袍的主要色调，宋氏三姐妹的旗袍就多以黑色调为主。

总之，旗袍身上处处体现着礼乐之和、天人合一的思想。正是在这样以“和”为美的审美理念的影响下，旗袍成为一种完美的服饰造型。在整体结构上，具备立领、开襟、细致的盘扣、上下连缀一体而紧窄合身的衣身、含蓄的开衩、各种颜色和谐的搭配、线条的分布，再加上与旗袍式样相适宜的发型和配饰，使旗袍庄重地展示出中国传统服饰的一种完美性与和谐性，以及与天地相合的整体性。

（2）韵之美

旗袍体现“韵”之美。“韵”作为中国古典美学的一个审美范畴是从南北朝开始的，《世说新语》中有“韵”、“风韵”、“气韵生动”等评语，谢赫的《古画品录》中也有“气韵”、“体韵”等概念，唐和五代的司空图、荆浩等人也都讲“韵”。在宋代美学中，“韵”这个范畴占有非常突出的地位，范温的《潜溪诗眼》对“韵”的意义作了详尽的论述。旗袍的韵之美分为两个层次：旗袍之韵和着旗袍女性人格之韵。

旗袍韵之美首先体现在流畅简洁的线条。旗袍的线条和女性其他长裙相比，更能勾勒出女性婀娜的身体曲线。在设计裁剪上，它没有多余的带蔓和褶皱，通体玲珑宛如一川飞瀑，流线型的简约类似中国古典诗词中的白描，绘画中的写意，书法中的飞白，将东方女性的形体：从脖颈到肩袖、胸、腰、臀等曲线用抒情的方式勾勒出来，含蓄蕴藉，遗世独立。

其次，旗袍女性韵之美。女性的骨骼结构和比例，使女性在行走时臀部舒缓地摆动，似柔和的波浪，流线型又贴身的旗袍，把女性这一动态的“韵”之美展露无遗。旗袍犹如一支舒缓优美的乐曲，将节奏转换成视觉上的起伏，将时间的流动转换成空间的流变。曲调从颈部开始，沿着脊柱平缓过渡到臀部，形成时而平和时而热烈的段落，稍有激荡与跳跃，它没有波涛汹涌，没有突兀怪诞，所有的过渡柔顺自然。

旗袍的高立领、合理而保守的开衩、连肩袖的设计把女性的脖颈、臂膀、腿部等隐藏着，后背整片并通过密实的盘扣沿着右衽大开襟的边缘紧紧包裹着身体。这些细节设计在袒露与包裹之间，有着强烈的对比与统一。下摆的低开衩与微微露出的小腿，将东方女性的含蓄美表现得淋漓尽致。旗袍露中有藏，藏中有露，尽现东方女性的神韵。

2. 旗袍的包容性

旗袍的包容性主要体现在三个方面。

其一，旗袍是中西文化结合的产物。旗袍改良过程中对西式审美意识的接纳和裁剪方式的采用体现了东方文化的包容性。旗袍作为一种时装经历时间的洗礼而成为经典，没有任何服饰能像它那样，称得上是中西融合的典范。

其二，旗袍的包容性还体现在它是中国多民族服饰文化融合的产物。旗袍体现了中华民族文化的包容性。旗袍突破了汉族袍服和其他少数民族袍服的限制，将两大服装体系的优势集于一身。这一点在旗袍的下摆位置体现得尤为明显，旗袍在严谨、厚重中不失轻盈、灵动。

其三，旗袍的包容性还体现在旗袍适合不同年龄、不同身份、不同身材、不同气质的女性。旗袍简洁修身不张扬的色彩和造型与穿着者合二为一，彰显穿着者内在的气质：或丰满或苗条；或雍容华贵或清纯大方；端庄知性或灵动俏丽等。总之，每一个东方女人总会找到一款适合自己的旗袍。

三、旗袍的文化品位

旗袍作为中华民族的文化符号，不仅仅是中国传统文化的象征，也是中国文化品味的体现。旗袍所体现的文化品位一方面通过旗袍物质载体本身的造型和工艺来体现；另一方面通过穿旗袍的女性所展现的精神气质来体现。

1. 旗袍的文化品位

服装的文化品位越高，服装的品位就越高。文化品位就是服装从设计到裁剪

穿花萝旗袍的现代女子

的方方面面都体现出来的含金量。旗袍作为中国服饰文化的经典之作，不仅仅是服装体系中无与伦比的精品，也是中华民族长期积淀的服饰文化中的宝贵财富。旗袍非常完美地体现了中国文化的品位。这些特点体现在于以下几点：一是善于表达形与神的含蓄、藏中有露、充满韵味的东方审美格调；二是注重精细的手工工艺和艺术手法的表达，体现了工艺之美和艺术之美；三是旗袍细节的严谨和遵循传统，营造一种高贵、秩序的服饰效果；四是旗袍体现的“和”“韵”等传统文化审美观念，展现了中国民族稳重、博大、和谐、包容的文化格局。从服饰美学角度，旗袍的文化品位无疑是超凡脱俗的，它具有超强的审美性。

2. 旗袍女性的精神气质

旗袍作为中国女性的形象标识，体现了中国女性高贵、知性、坚忍、包容的精神气质。

民国名媛张幼仪的一生就是对旗袍女性“高贵、知性、坚韧、包容”精神品质最好的诠释。她把自己的人生一分为二：“去德国前”和“去德国后”。

去德国前，她大概是什么都怕，怕离婚，怕做错事，怕得不到丈夫的爱，委

穿羊毛旗袍的女子

曲求全，可每每都受到伤害；去德国后，她遭遇了人生的最沉重的怆痛，与丈夫离婚，心爱的儿子死在他乡，人生最晦暗时光，如一张大网，铺天盖地笼罩着她，一切都跌至谷底。伤痛让人清醒，就在这时候，她忽然明白，人生任何事情，原来都要依靠自己。别人的怜悯，换不来美好的未来。离婚丧子之痛，让张幼仪一夜长大，羞怯少女转身成为铿锵玫瑰，就算风雨狂暴，她也无所畏惧，坚韧勇敢，很快开创出真正属于自己的精彩。

张幼仪的一生为人严谨，深受中国传统道德观念影响，个性沉默坚毅，举止端庄，料理家务、养育孩子、照顾公婆、打理财务都甚为得力。她不计前嫌、不抱怨过去，帮徐志摩照顾父母，帮徐志摩出全集，甚至亲力亲为。她意念中那种执拗的力量，强大到自己佩服自己，她的沉稳与包容，使她凭借坚持不懈的毅力，走到了最后。

晚年张幼仪，对爱的定义，堪称经典。有人问她爱不爱徐志摩，她答道："你晓得，我没办法回答这个问题。我对这个问题很迷惑，因为每个人都告诉我，我为徐志摩做了这么多事，我一定是爱他的。可是，我没办法说什么叫爱，我这辈子从没跟什么人说过'我爱你'。如果照顾徐志摩和他家人叫做爱的话，那我大

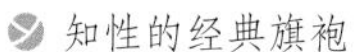
知性的经典旗袍

端庄的经典旗袍

概是爱他的吧。在他一生当中遇到的几个人里面，说不定我最爱他。”这是多么大的包容和爱才有的阔达啊！

旗袍的主体是旗袍女性，因此旗袍的文化精神正是旗袍女性精神气质的体现。旗袍是一种生活方式，选择了旗袍就是选择了一种生活方式。旗袍文化的传播与传承，是旗袍生活方式的延续，如果脱离了这种生活方式和旗袍女性主体，它就仅仅是一件衣服而已。旗袍文化的继承与发扬，不仅仅是一种理论的表达，更是人文的体现。旗袍只有穿在身上，用肢体语言才能更加形象生动地诉说其内涵，旗袍文化也正是透过无数旗袍女性高贵、知性、坚韧、包容的精神品质才能得以彰显。

第三章 旗袍的设计

旗袍的设计是一个艺术创作的过程，是艺术构思与艺术表达的统一。设计师一般先要尽可能了解穿着者的基本情况，收集信息，确定设计方案。旗袍设计是在保持旗袍经典六要素的基础上对旗袍面料、襟型、袖型、领型、盘扣等方面的细节安排。

其主要内容包括：旗袍整体风格、主题、细节、色彩、面料、服饰品的配套设计等。同时对细节设计、尺寸确定以及具体的裁剪缝制和缝制工艺等也要进行周密严谨的考虑，以确保最终完成的作品能够充分体现最初的设计意图。

一、旗袍设计的原则

1. 设计必须遵循的总体原则

（1）统一原则　统一（Unity）也称为一致，与调和的意义相似。设计旗袍时，往往以调和为手段，达到统一的目的。良好的设计中，旗袍上的部分与部分间，及部分与整体间各要素——面料、色彩、线条等的安排，应有一致性。如果这些要素的变化太多，则破坏了一致的效果。形成统一最常用的方法就是重复，如重复使用相同的色彩、线条等，就可以造成统一的特色。

（2）加重原则　加重即强调或重点设计。虽然设计中注重统一的原则，但是过分统一的结果，往往使设计趋于平淡，最好能使某一部分特别醒目，以造成设计上的趣味中心。这种重点的设计，可以利用色彩的对照（如黑色面料上红色绲边）、质料的搭配（如有弹性面料配以有弹力的真丝内衬）、线条的安排（如旗袍的单开襟和双开襟的襟型）、剪裁的特色（如衣身连袖前后两片肩线角度的设计），及饰物的使用（如黑色旗袍上佩戴白色或金色珍珠项链）等达成。但是上述强调的方法，不宜数法并用，强调的部位也不能过多，并应选择穿着者身体上美好的部分作为强调的中心。

（3）平衡原则　设计具有稳定、静止的感觉时，即是符合平衡（Balance）的原则。平衡可分对称的平衡及非对称的平衡两种。前者是以人体中心为想象线，左右两部分完全相同。因此一般双襟的旗袍，有端正、庄严的感觉。后者是感觉上的平衡，也就是衣服左右部分设计虽不一样，但有平稳的感觉，常以斜线设计（如旗袍之前襟）达成目的。此种设计予人的感觉是优雅、柔顺。此外，亦必须注意服装上身与下身的平衡，勿使服装有过分的上重下轻或下重上轻的感觉。

（4）比例原则　比例是指旗袍各部分间大小的分配看来合宜适当，例如袖型与衣身大小的关系等都应适当。“黄金分割”的比例，多适用于旗袍的设计。此外，对于饰物、附件等的大小比例，亦必须重视。

（5）韵律原则　韵律指通过规律的反复而产生柔和的动感。如色彩由深而浅，形状均匀或由大而小等渐变的韵律。线条、色彩等具规则性重复的韵律，以及旗袍上蕾丝花边的韵律，都是设计上常用的手法。另外，旗袍的滚边要求宽窄完全一致。

2. 旗袍设计必须遵循的个体化原则

（1）因人而异原则　因人而异是旗袍设计过程中以人为本的设计理念的体现。旗袍作为人的第二层肌肤，能够最大限度地体现人本身的气质。注重人与旗袍的“合二为一”的关系，因此人不同，旗袍必不同。哪怕选择了同样的材料，细节安排也一定会不同。另外每个人除了外形、气质的差别，体质也不尽相同，所以设计时也要充满人文关怀。它体现在旗袍面料保暖性和透气性、袖子的长短、开衩的位置等。

（2）因时而异原则　因时而异主要是充分考虑四季变换。四季的变化给了设计更多的变化，除了挡寒保暖之外，女性也别忘了遵循以下原则，以在四季更迭中永葆魅力。

① 春秋着装原则。春季是世间万物争奇斗艳的季节，因此，女性春季应该选择暖色系的旗袍，以显得更有活力。秋季天气转凉，秋高气爽，是富含诗情画意的季节，此时宜选择中间色，以突显女人的浪漫气息。春秋季节气温也比较适宜，因此女性可以根据自己的喜欢和季节特征相搭配，选择旗袍面料以质地柔软且富有光泽的类型为佳。

② 夏季着装原则。夏季酷热且紫外线强烈，这是令很多女性苦恼的问题，因为她们既想保持凉爽，又得注意防晒，这着实不是一件易事。因此，冷色调服装是此季节的不二选择。白色是夏季必备的颜色，蓝色能使人眼前一亮，给人清爽、沉静的感觉。在面料的选择上，透气性好、吸汗的真丝香云纱和杭罗是上上之选。

③ 冬季着装原则。冬季气温较低，保暖是着装的首要因素，在此基础上，

旗袍选择色彩鲜艳的面料，面料上最好选择保暖性强的羊绒、羊毛等。懂得了以上穿衣搭配的原则，女性就可以在任何时间、任何地点游刃有余地选择适合自己的旗袍。

（3）因地而异原则　因地而异主要是要考虑旗袍穿着的场合。首先要注意面对不同穿着的场合，旗袍的品种选择。譬如结婚穿着的旗袍不仅要面料质地上乘而且色彩鲜艳夺目，充满喜庆色彩；出席重要场合时，旗袍面料应高级华贵，色彩柔和大方，显得稳重而高雅。随着人们生活方式日趋雅致、舒适，日常旗袍可随心所欲，突出个性美及体型美。工作场合的旗袍款式应典雅简洁，品质优良，色彩稳重和谐，当然不能太艳丽，一般以素色为主；设计上尽可能以短一点为好，也不宜太紧身，要有适当的宽松度以方便工作；要呈现庄重、优雅、得体、大方的良好职业形象。总之，不同的场合，旗袍的设计会相应变化。

二、旗袍经典六要素

旗袍是中国服饰的精粹，包含中国的文化与智慧，更具中国的特色，是中国元素的集中体现。旗袍之所以能流传至今而成为经典，其中沉淀着中国文化的特色与精华。旗袍的特征总结为以下六大要素。

1. 高立领

中式立领是典型东方特色造型。旗袍的高立领将颈部紧扣抱住，增加了旗袍的庄重、典雅的效果。同时，高领通过掩盖脖颈起到保护的作用。另外，高领限制了脖颈的随意动作，使之始终保持挺直的状态。挺直的脖颈让人仪态更加优美，彰显女性高贵、端庄的气质。

2. 右衽开襟

右衽开襟是中国传统服饰的习惯，旗袍保留了这一传统习惯。中国传统服装的主体形式是前开型的斜襟和对襟样式，多用带子固定衣服，穿脱方便，衣身造型强调纵向感觉。中国古代中原民族（即后来的汉族）服装的基本样式是上衣下裳（裙），衣襟不分男女都是左襟压右襟，称为“右衽”。当时只用衣结不用纽扣，右衽便于用右手解结。死人入殓的衣服用“左衽”（右襟压左襟），衣结用死结，因为死人已不用解衣了。

中国文化以右为尊。早在三千多年以前的甲骨文里，就把“左”“右”描画成左右手的形状，代表左右手。在漫长的创造工具与使用工具的过程中，我们的祖先发现右手比左手更为有力和灵活，而且占据了优势与主导地位。基于这一认识，在我国权势系统里，形成了“右”居“左”上的观念，尤其在官职中显得较为明确。秦汉时，王宫面向南，官居城右，而民居城左。唐代司马贞撰写的《史记索引》记载：“凡居以富强为右，贫弱为左。”即富贵人家居右，贫寒人家居左。于是“右姓”是指高姓、贵姓、大姓，“右族”指豪门大族。就一座房屋而言，也是右室尊于左室，右室为上室。受这一礼俗观念影响，汉民族衣着实行右衽（即衣襟开口在右侧），贬斥左衽。

3. 实用性与美观性于一体的盘扣

旗袍的盘扣也称为盘花。首先，旗袍的盘扣从上到下，沿着右衽的开襟边缘密密麻麻地连缀着，将女性的身体隐藏起来，达到包裹的效果，具有很强的实用性。这些盘扣无论是简洁平直的一字扣还是造型复杂的大花扣，一针一线的密密麻麻地缝合在旗袍上，不容易出现裸露的风险，即使偶尔有一个扣子脱落也无伤大雅，这样避免了各种后背拉链、侧拉链、前拉链的服装可能出现的尴尬局面。

其次，旗袍盘扣本来就是一门艺术，具有美观性。旗袍盘花的款式变化多端，花样百出，并且灵活性、随意性很强，给制作者留下了极大的创作发挥空间，有写实的，有写意的，还有形意结合的。盘扣有着浓郁的民俗气息，是中国服饰演变的缩影和中国服饰艺术的展现，也是中华民族经过长期的劳动实践与生活积累所形成的传统民间手工艺，更是机器永远无法替代的人工之巧。西方人从旗袍的盘扣认识中国，以盘扣作为旗袍的化身绝非过分。

4. 后背整片剪裁、衣身连袖

所谓后背整片剪裁是指衣服后背是由一片布料整体裁剪而成，没有拼接。传统的偏襟、对襟衣裳及旗袍都是这样的裁剪。旗袍保持后背整片剪裁、衣身连袖，遵循中式的裁剪方式。这种后背整片的平面裁剪看似简单，实则在简单的表象之下，有着独特的裁剪技巧。中式衣衫不可能如西装那样有纸样，它也无法按固定的纸样来制作。因此，旗袍只能按量体的尺寸，老老实实地一件一件裁剪，很难实现批量生产。

传统中式衣衫是连肩袖，也就是衣袖和衣身是一片整布，没有肩线的拼合，因此在穿着效果上，它的肩胸部会有皱褶。采用前后两片式的旗袍，让肩部的剪裁顺着自然的斜度，使肩胸部的褶皱减少，保留了旗袍肩部曲线的流线型，让旗袍的造型充满了整体的和谐性和完美性。

5. 修身

旗袍的修身效果是由两种方法共同达到的。一种方法是通过传统的侧缝收量和归拔处理。收量就是在裁剪的时候直接去掉胸腰部多余的量，让腰部的弧度显现出来。“归”是将衣片上需归拢的部位向内侧缓慢推进，使衣片归拢部位的边长变短，归拢部位形成隆起的形状。“拔”是将衣片所需拔开部位向外侧拉开，使衣片拔烫部位的边长增长，用来适应曲线变化大的部位。手工制作旗袍的拔腰就是用熨斗在腰部向上和向下推拔，使旗袍在腰部合体。

另一种方法是西式的收省处理。修身的服装在胸部、腰部都会打几个褶，这叫省。胸省：即侧缝省或侧缝颡，颡根设在侧缝部位的颡缝，常做成锥形。主要使用于前衣身，作用是做出胸部隆起的造型。腰省：即腰颡，颡根设在腰部的颡道，常做成锥形或钉子形，上下连体类可以做成柳叶形。省是西式裁剪独有的工艺，目的是使平面的布呈现出高低起伏，使衣裳更贴合人体的自然曲线。

制作旗袍过程中，修身并能够达到形体扬长避短的效果，往往是两种方法同时运用。

6. 两侧合理的开衩

下摆两侧开衩为典型东方特色造型。旗袍两侧合理的开衩将汉服的俊逸之感和袍服的严谨集于一体，使旗袍在严谨、厚重中不失轻盈、灵动。在传统与现代、东方含蓄美与西方性感美的拉锯中形成了高度适宜的开衩。

一般开衩的高度在膝盖位置上下一个扣位（大约8 ~ 10cm）。首先这高度符合中国传统审美观念的要求。开衩的位置不宜太高。中国传统审美观念里对女性“性感”的认识是从脚部开始的，影影绰绰露出的小腿曲线已经是对传统最大的挑战了。开衩的位置不能过低。时尚女性追求灵动、轻盈的美感，过低的开衩为了行动的方便势必在剪裁上让下摆显得肥大、厚重。另外，旗袍两侧开衩的尺度让旗袍的长度也有了一定的限制，一般旗袍长度在小腿中部至脚面之间比较适宜。

三、旗袍面料

旗袍的面料关系到旗袍的品质，因此面料的选择要充满人文关怀。不是所有的布料都适合做旗袍，所以设计人员需要对布料的特性充分了解。这里所说的旗袍面料包括旗袍的面料、内衬布料、滚边布料、盘扣布料等。

1. 面料种类

（1）根据原材料的不同，可以分为色织、棉布、色织涤棉布、色织中长仿毛花呢、全毛花呢、毛涤花呢、毛涤粘三合一花呢、竹节纱布、疙瘩纱布、各种混纺色织布等，还有以丝麻为原材料的色织布也很多。

（2）根据织造的方法不同，可以分为平纹色织布、色织府绸、色织格花呢，牛津布、青年布、牛仔布、还有卡其布、斜纹布、人字呢、华达呢、贡缎、小提花布、大提花布等。

（3）根据前后道不同的工艺特点还可以分为：色经白纬布（ 牛津布、青年布、牛仔布、劳动布等），色经色纬布（条格布、格子布、床单布、格花呢等），还有因后道工艺的拉毛、起绒、磨毛、缩绒而形成的各种色织毛绒布。

（4）根据不同的制造原理又可以分为针织色织布和梭织色织布。

2. 旗袍常用面料

做旗袍的面料宜选纯真丝、纯毛、纯棉、纯麻制品。以这四种纯天然质地面料制造的服装，大都质地较好、品质较高。

（1）真丝类织物

真丝一般指蚕丝，包括桑蚕丝、柞蚕丝、蓖麻蚕丝、木薯蚕丝等。真丝被称为“纤维皇后”，以其独特的魅力受到古往今来的人们青睐。真丝面料是纯桑蚕白织丝织物，根据织物每平方米重量，分为薄型和中型。根据后加工不同分为染色、印花两种。它的质地柔软光滑，手感柔和、轻盈，花色丰富多彩，穿着凉爽舒适。旗袍常用的真丝面料有素绉缎、双绉、香云纱、真丝乔绒、真丝烂花绡、织锦缎、双宫真丝等。穿真丝服饰的好处：①润肤保健；②防紫外线；③抗污抗菌；④防皱抗老。

（2）羊毛（绒）面料

以羊毛（绒）为原料纺织而成的面料，是一年四季的高档服装面料，具有弹性好、抗皱、挺括、耐穿耐磨、保暖性强、舒适美观、色泽纯正等优点，很适合制作旗袍。旗袍所用的羊毛面料主要是指梭织面料，也称机织物，是把经纱和纬纱相互垂直交织在一起形成的织物。其基本组织有平纹、斜纹、缎纹三种。不同的梭织面料也是由这三种基本组织及由其变化而来的组织构成。

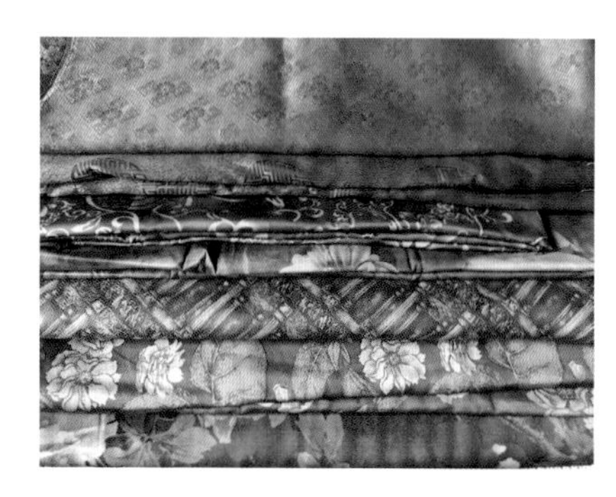

真丝面料

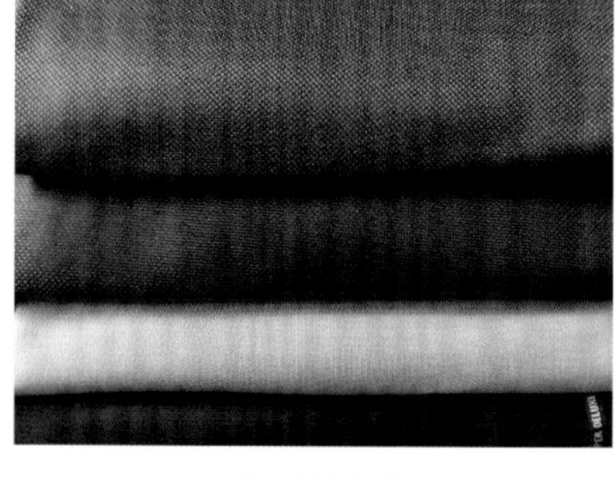

毛丝面料

纯羊毛面料（一）

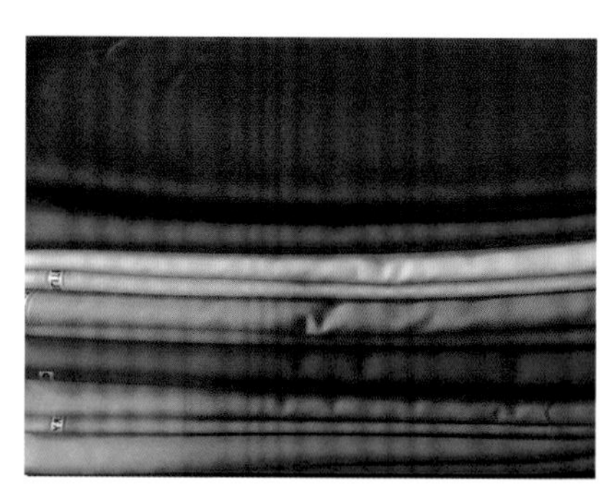

纯羊毛面料（二）

纯棉面料

毛麻面料

纯毛（绒）面料色泽自然柔和、保暖效果好，是制作旗袍的首选面料。但现在仿毛织品越来越多，随着纺织工艺的提高，已达到了大多数顾客难以鉴别的水平，但色泽、保暖性、手感等还远远不及纯毛面料。下面介绍几种鉴别纯毛面料的方法，供读者在挑选旗袍和面料时参考。①手摸感。纯毛面料通常手感柔滑，长毛的面料顺毛手摸感柔滑，逆毛有刺痛感。而混纺或纯化纤品，有的欠柔软，有的过于柔软松散，并有发粘感。②看色泽。纯毛面料的色泽自然柔和，鲜艳而无陈旧感。相比之下，混纺或纯化纤面料，或光泽较暗，或有闪色感。③看弹性。用手将物拉紧，然后马上放开，看织物弹性。纯毛面料回弹率高，能迅速恢复原状，而混纺或化纤产品，则抗皱性较差，大多留有较明显的褶皱痕迹，或是复原缓慢。④燃烧法鉴别。取一束纱线，用火烧，纯毛纤维气味像烧头发，化纤面料的气味像烧塑料。燃烧后的颗粒越硬说明化纤成分越多。⑤单根鉴别。所有动物的毛在显微镜下看都是有鳞片的，如果是长毛面料的话只要取一根毛搓几下就会发现真伪。

（3）纯棉织物

纯棉织物是以棉花为原料，通过织机，由经纬纱纵横沉浮相互交织而成的纺织品。高支纱纯棉布适合用来做旗袍。

纯棉织物具有以下优点：①吸湿性；②保温性；③耐热性；④耐碱性；⑤卫生性。纯棉织物的缺点主要是缺乏弹性，不适合做比较修身的旗袍。另外其耐酸性不好，特别怕酸，当浓硫酸沾染棉布时，棉布会被烧出洞。

（4）麻织物

麻纤维属纤维素纤维，其织物拥有与棉相似的性能。麻织物具有强度高、吸湿性好、导热强的特性，尤其强度居天然纤维之首。麻布染色性能好，色泽鲜艳，不易褪色；对碱、酸都不太敏感；抗霉菌性好，不易受潮发霉。纯麻面料的缺点是缺乏弹性，不适合做比较修身的旗袍。

实际上，随着纺织技术的飞速发展，以上四种成分经常混纺，比如100%纯天然成分的丝毛、毛麻、棉麻面料等。例如棉麻布就是棉布含麻的成分，棉麻布有很多优点：①透气性、透汗性好；②舒适、止痒；③抗静电、不起球、不挫起、不卷边；④能改善睡眠。

3. 旗袍面料的特性要求

旗袍作为贴身的服装，工艺考究，一般都以高档面料为主。适合做旗袍的面料常以各种真丝、羊毛（绒）、棉、麻等天然纤维成分为主。在实际选择时要考虑面料的回弹性、透通性、耐磨性、柔软性和垂坠性等。

（1）回弹性

纤维的弹性对纺织品的耐磨性、抗褶皱性、手感、尺寸稳定性、耐冲击性能和耐疲劳性能等密切相关。纤维受拉伸力作用后产生的变形除有普弹形变和类似橡胶类材料的高弹形变外，还有随着时间逐步恢复的缓弹性变形和不能恢复的塑性变形。纤维的变形恢复能力，是指纤维承受负荷后产生变形，负荷除去后，纤维具有恢复原来尺寸和形状的能力，简称回弹性或弹性。一般回弹性好的面料挺括、抗皱性好。

（2）通透性

面料的通透性包括透气性、透湿性和透水性。

① 面料的透气性。面料的透气性是指在布料的两侧存在空气的压力差时，空气从面料的气孔透过的性能。夏季面料应有较好的透气性，才能保持凉爽；冬季外衣用面料的透气性应尽可能弱些，以保证衣服具有良好的防风性能，防止人体热量的散失。

② 面料的透湿性。面料的透湿性是指水以蒸汽的形式透过布料的性能，即面料对气态水的通透能力，也常常称为透气性。透湿性对面料的穿着舒适性的影响更大，因为人体蒸发的水分如果不能及时散发，就会引起不适。因此，纤维的吸湿性和放湿性对于面料的透湿性有较大的影响。天然纤维和再生纤维素纤维等具有较好的吸湿性，而合成纤维吸湿性较差。

③ 面料的透水性。面料的透水性是指面料渗透水分的能力。由于面料的用途不同，有时采用与透水性相反的指标——防水性来表示面料对水分子透过时的阻抗性。透水性和防水性对于雨衣、鞋布、防水布、帐篷布及工业用滤布的品质评定有重要意义。

（3）耐磨性

面料在加工和实际使用过程中，由于不断经受摩擦而引起磨损。而面料的耐磨性就是指面料耐受外力磨损的性能。耐磨性的优劣是旗袍功能性性能的重要指标。面料的耐磨性与纤维的大分子结构、超分子结构、断裂伸长率、弹性等因素有关。

（4）柔软性

柔软性好的面料一般较为轻薄、悬垂感好，造型线条光滑，服装轮廓自然舒展。主要包括织物结构疏散的针织布料和丝绸面料以及软薄的麻纱布料等。面料的柔软性好，舒适性就好，另外垂坠性也就好。旗袍属于长款修身的服装，对柔软性要求很高。

四、旗袍的造型细节及设计

旗袍的经典六要素是完美而统一的整体。旗袍的领、肩、袖、襟、胸、腰、臀等部位所形成的曲线将女性的柔美、温婉、蕴藉表现得淋漓尽致。她是内敛的，裹住了女性的丰臀细腰，从领子一直遮蔽到脚踝；她是张扬的，从脚踝到膝盖的开衩让腿部的曲线影影绰绰，充满无限的遐想。这一张一弛的恰到好处主要是通过旗袍的造型细节来体现的，主要包括领型、襟型及袖型的变化。

1．领型

旗袍的领型花样百出，领的高低各有不同。高立领是旗袍最重要的特征，同时也是旗袍设计制作过程中最重要的部分之一。高立领的功用不仅仅能够挺直脖颈，最重要的是能够修饰脸型、头型，更好地表现穿着者的气质。领型的造型能够将东方女性的细腻、精致、端庄等突显出来，因此领型的设计显得尤为重要。

旗袍常见的领型包括：圆领、方领、波浪领、元宝领、凤仙领等。

（1）圆领　又称“企鹅领”，衣领从衣身延伸顺着脖子竖立，看起来像背面的小企鹅。圆领适用性广泛，又分为大圆领、中圆领和小圆领。圆领形成的倒三角能起到修饰脸型的效果，脸型圆润饱满的女性比较适合圆领。

（2）方领　方领是一种别致的领型。高高的方领，圆中有方，方中带圆，彰显女子庄重大气。方领的前襟几乎没有缝隙，因此显得更加严谨。方领适合脸型小巧精致的女性，特别是瓜子脸型。

（3）波浪领　波浪领分小波浪领和大波浪领。其中小波浪领又名荷叶领，是借鉴西式服装的装饰而形成的领型。波浪领型是在圆领的基础上，通过平领的展切得到的。其边缘自然起伏，形成波浪一样的形状。波浪领增加了立领的活泼俏皮风格，多为年轻女子选用。

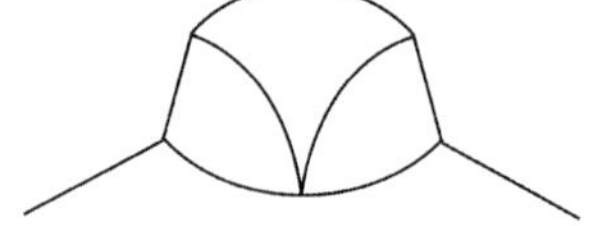

大圆领

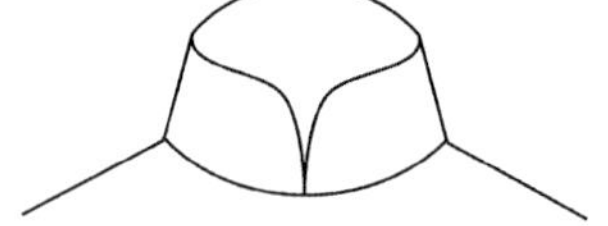

中圆领

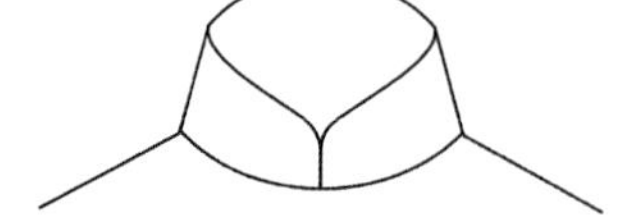

小圆领

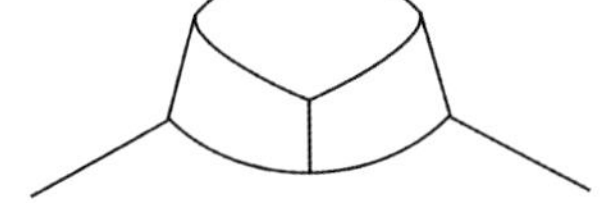

方领

小波浪领（荷叶领）

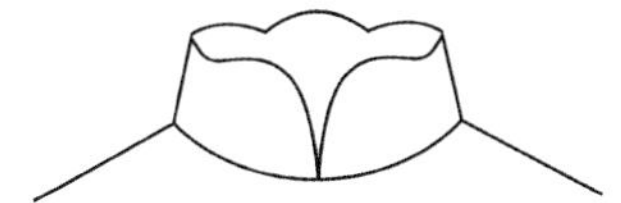

大波浪领

（4）元宝领　这种领的高度与鼻尖平行，高领斜压在下巴两侧，具有很强的修饰脸型的作用。穿着这样领子的旗袍，女子时刻保持脖颈挺直，抬高下巴，显现出女子仪态端庄典雅。

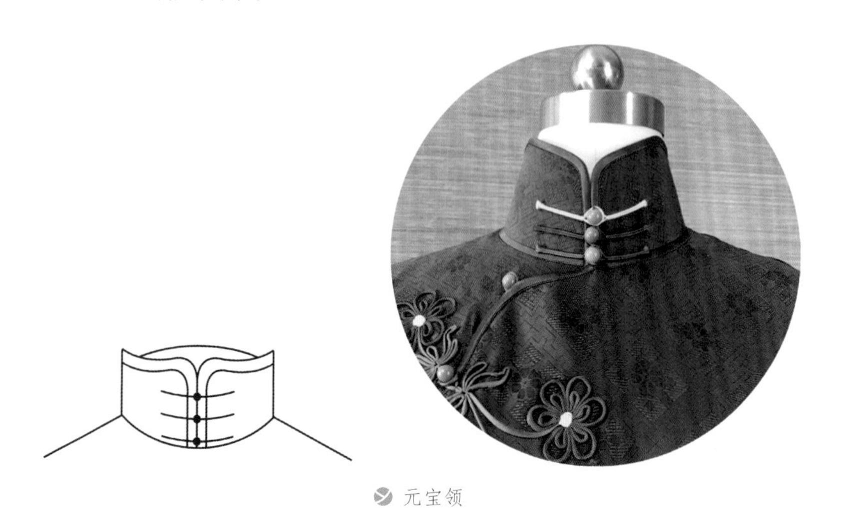

元宝领

（5）凤仙领　因民国奇女子“小凤仙”而得名。这种领子分为小翻领和大翻领两种，能很好地衬托脸型，给人以俏丽柔美的感觉。这种领子打破了单层领的局限，增加了头部的立体感，让人端庄又不失风情。

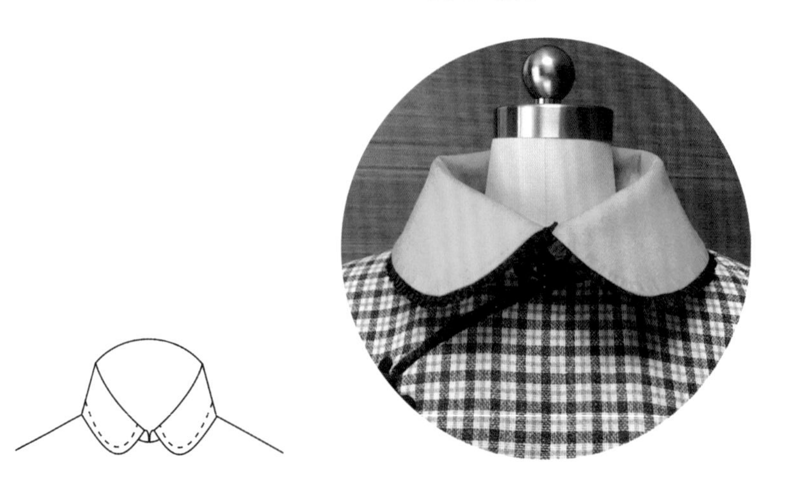

小翻领

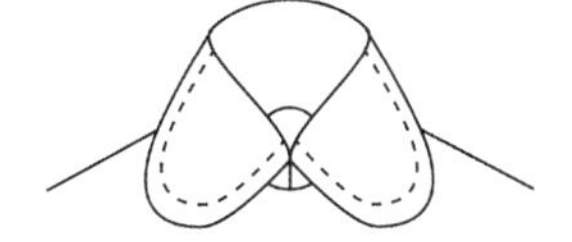

大翻领

（6）V形领/直角领　V形领和直角领都是艺术感十足的领型，是在直领的基础上将前领口挖掉，形成V形和凹形。V形领和直角领一改方领的严谨，圆中有角，与脸部线条相互映衬，显得和谐与流畅，因此特别适合脸型偏圆的女性。

V形领

2. 襟型

旗袍采用右衽开襟的款式，因此在襟型变化上也是多种多样。旗袍的开襟处，盘扣及绲边工艺的装饰让其时而华丽高贵时而低调雅致，体现着不同的美感。

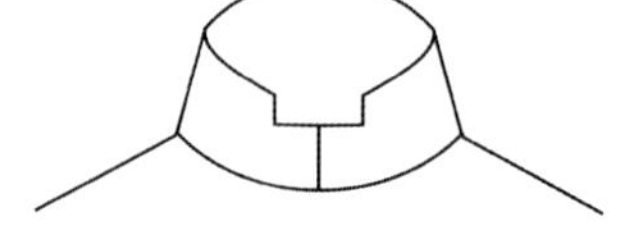

直角领

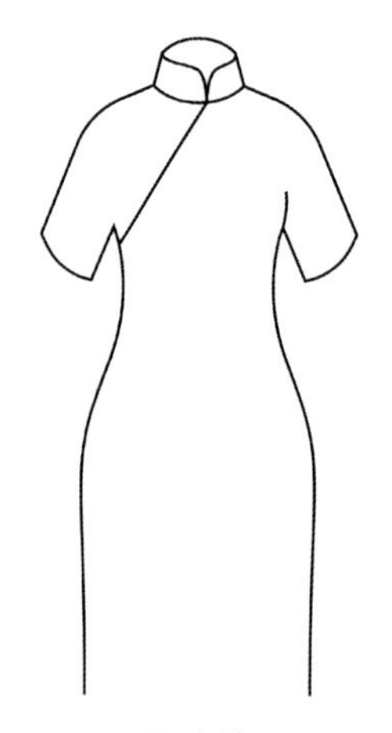

直襟

旗袍襟型主要有单襟和双襟之分。旗袍单襟的款式很多，以右襟与右侧小片重叠的位置不同，可以分为侧襟、单曲线襟、单前右襟。双襟的款式与单襟相对应，左侧以假襟的形式与右侧对称。双襟又有双侧襟和双曲线襟等。

（1）侧襟是指在右襟与右侧侧缝在腋下重叠的襟型。从领口到腋下的线条形状不同，侧襟又分成很多种，主要有：直襟、方襟、大圆襟、双圆襟、小波浪襟等。

① 直襟　直襟是一种比较老式的襟型，它从领口直线划过前胸，延伸到腋下。这种开襟方式是旗袍最为简洁的开襟方式之一。这种襟型直接从传统中式服装而来，显得庄重、传统。

方襟

② 方襟　方襟是将直襟的一条直线改为两条直线的交叉，在颈、肩与前胸的三角区内形成一个角。这种襟型方中带圆，圆中有方，富有美学哲理。方襟较直襟更富有线条的变化，显得内敛、含蓄。

③ 大圆襟　圆襟是从领口斜向右下方向画圆弧，避开胸部，延伸到腋下，它是旗袍最传统的襟型之一。圆襟有一种古朴、自然的美，显得古典、柔美而传统。

大圆襟

④ 双圆襟　双圆襟是将大圆襟的一个圆弧分割成两个圆弧，并在颈、肩与前胸三角区形成一个凹角，显得活泼而富有变化。

双圆襟

⑤ 小波浪襟　小波浪襟是一种具有艺术性的襟型，将大圆襟的一个圆弧线变化为一个相互连接的里凹外凸的圆弧，就像波浪一样。小波浪襟非常活泼灵动，适合年轻的女子。

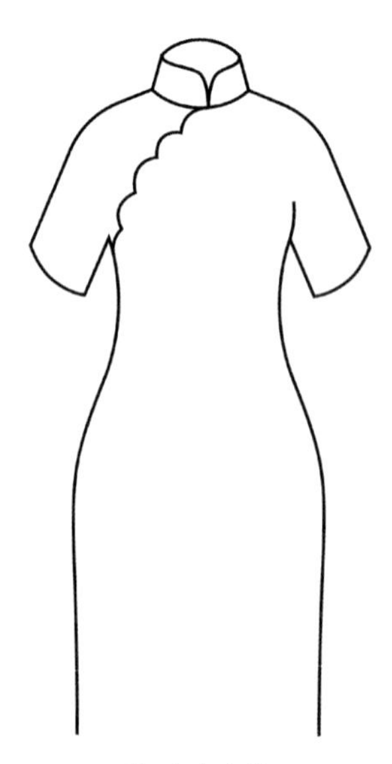

小波浪襟

⑥ 直角襟　直角襟是一种极具有艺术性的襟型，将襟型变化为四条相交的直线，在旗袍的前襟形成三个直角。这种变化圆中带方，显得更加个性十足。

直角襟

⑦ 方直襟　方直襟比起直角襟变化稍少，前襟是三条直线相交形成两个角，这种变化让旗袍的襟型增加了阳刚之气。

（2）单曲线襟是指右襟线条与右侧侧缝在腰臀部重叠的襟型。主要分为圆曲

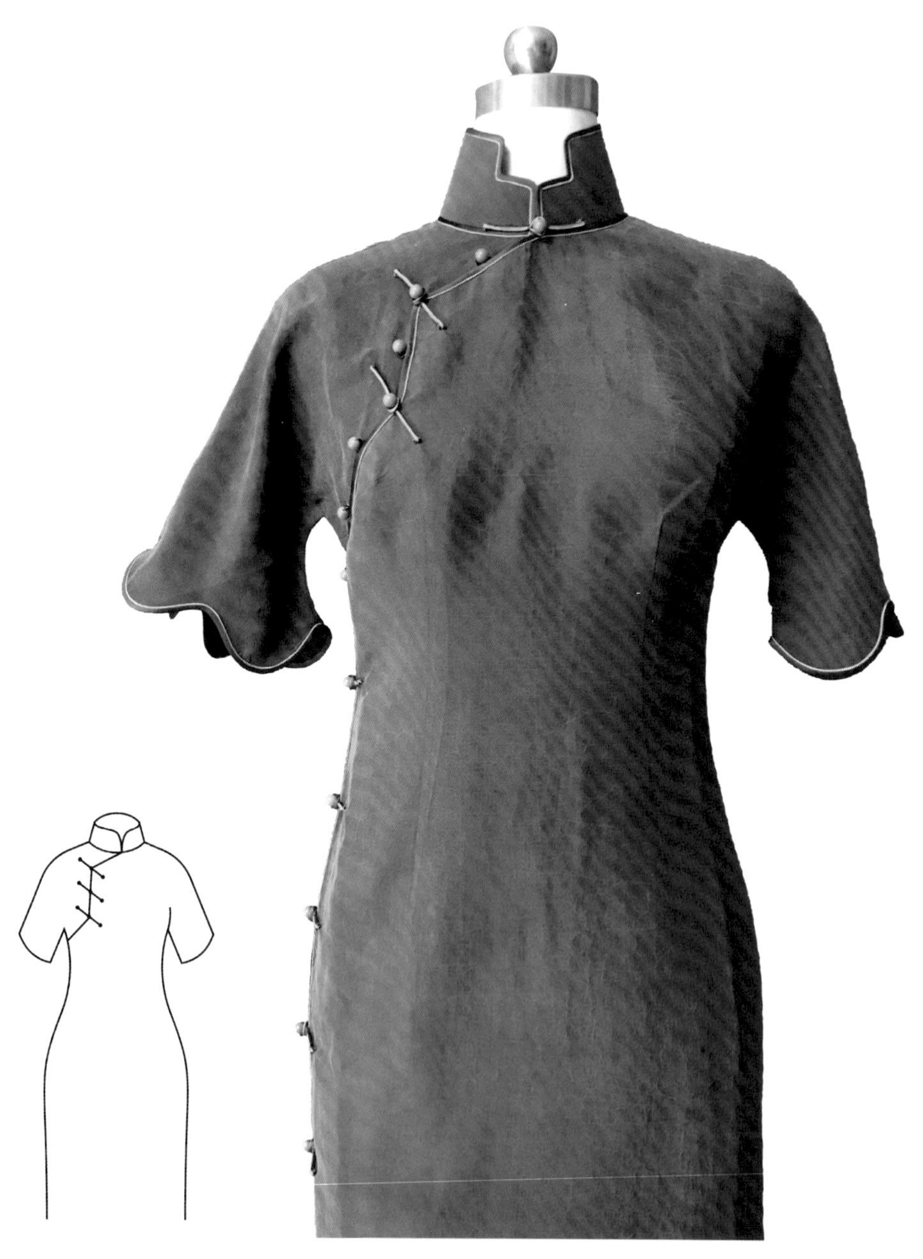

方直襟

襟、双圆曲襟、琵琶襟和长波浪襟等。单曲线襟看起来就像一个“S”，这种开襟使得旗袍的整体造型显得更加灵动而时尚。单曲线襟比所有侧襟穿脱更方便。另外，单曲线襟有利于从视觉上改善身材线条，显得更加优美。

① 圆曲襟

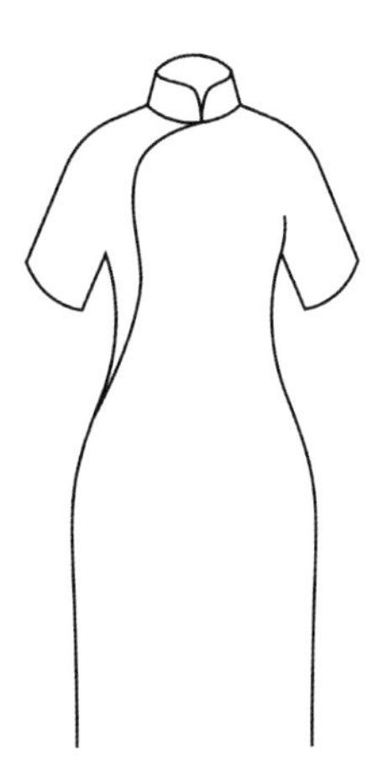

 圆曲襟

② 琵琶襟

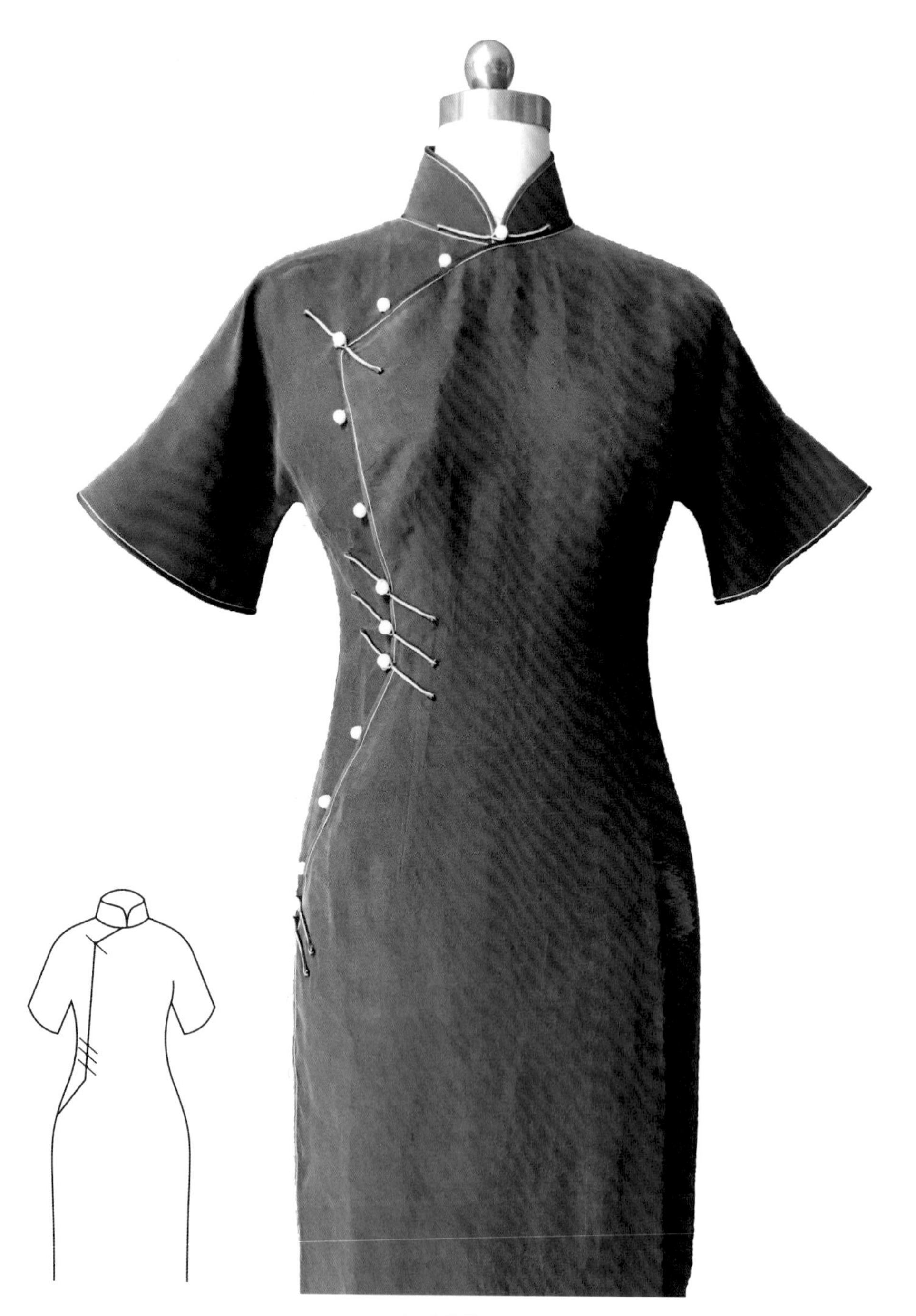

琵琶襟

③ 双圆曲襟

双圆曲襟

④ 长波浪襟

（3）单前右襟是指右襟线条从胸前顺着衣身中线平行的位置到底摆的襟型。主要分为曲襟和直襟。单前右襟款式和其他大襟开襟方式不同。襟没有开到衣襟

长波浪襟

右侧缝，而是由胸前直接顺延到腰间直到下摆，开襟一般在前衣身中线与右侧边中间的位置。这种襟型显得人身形纤长，适合较矮的女性。

① 长曲襟

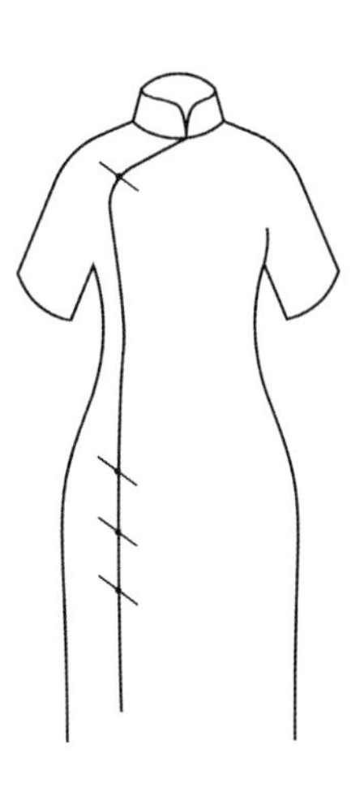

长曲襟

② 长直襟

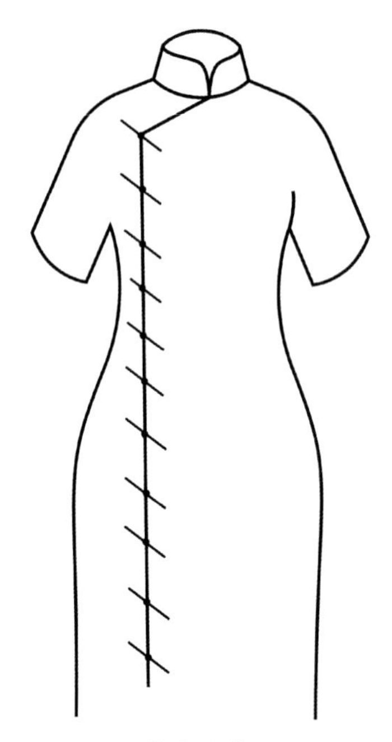

长直襟

③ 三圆长曲襟

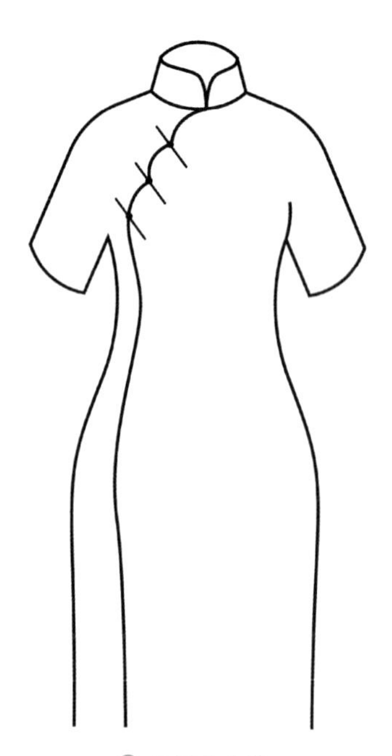

三圆长曲襟

（4）双侧襟是与单侧襟对应的襟型。主要有：双直襟、双方襟、双圆襟、双波浪襟等。双侧襟是在单侧襟的基础上，在左侧做假襟，与右侧对称，形成左右两侧都开襟的效果。双襟的造型成双成对，给人以均衡的美感，显得整齐、端庄、大方。

① 双直襟也称“人”字襟

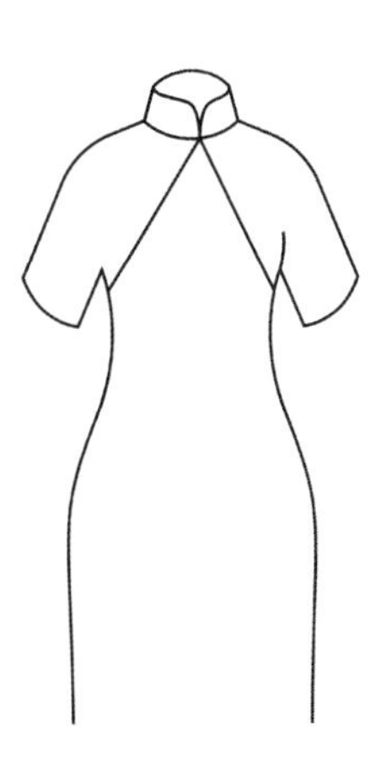

“人”字襟

② 双方襟

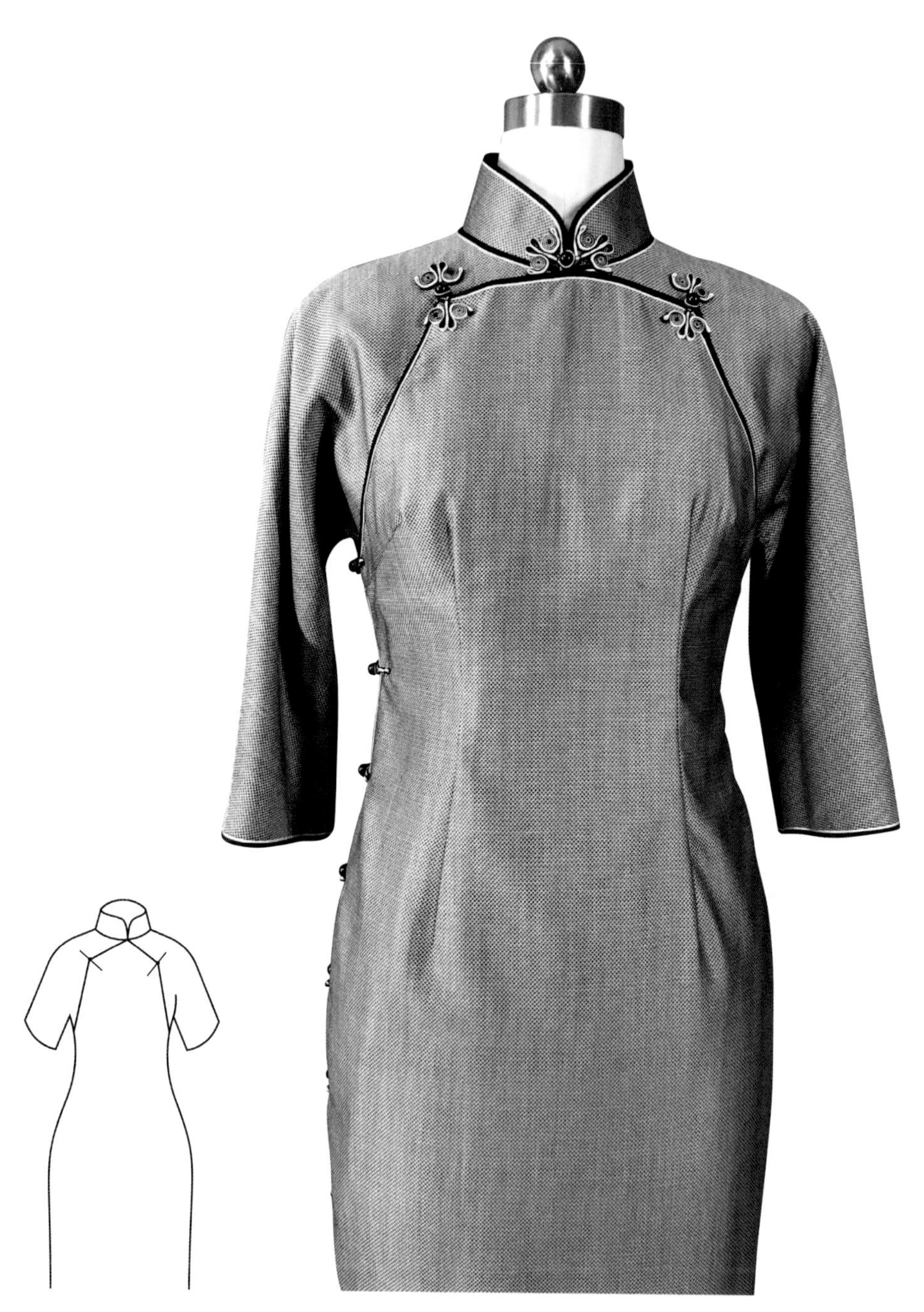

双方襟

③ 双大圆襟

双大圆襟

④ 双曲襟

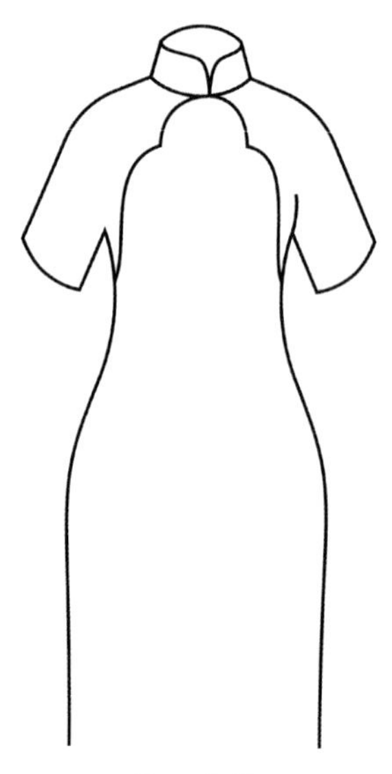

双曲襟

⑤ 双直角襟

双直角襟

（5）双曲线襟是与单曲线襟型相对应的襟型，有桃心襟和梅花襟等。双曲线襟是一种具有极强时尚感、艺术感的襟型。双曲线襟通过对一些特殊单曲线襟线条进行变化，形成了特有的艺术效果。整个旗袍胸部往下的襟型就像一个花瓶一样，显得人婀娜多姿，能够很大程度上修饰人的身材曲线。下面简单介绍两种。

① 桃心襟　桃心襟是在单曲襟的基础上，左侧做对称的假襟后，胸前曲线就像一个桃心一样。桃心的线条能够极好地与脸型、领口线条相互映衬，让五官显得更立体。桃心襟更适合脸部圆润、体型丰满的女性。

桃心襟

② 梅花襟　梅花襟是在双圆曲襟的基础上，左侧做对称的假襟后，领下形成一个半圆弧形，胸前曲线就像一个梅花一样。梅花的线条能够极好地与脸型、领口线条相互映衬，让五官显得更饱满。梅花襟更适合脸部不够饱满、下巴较尖、体型偏瘦的女性。

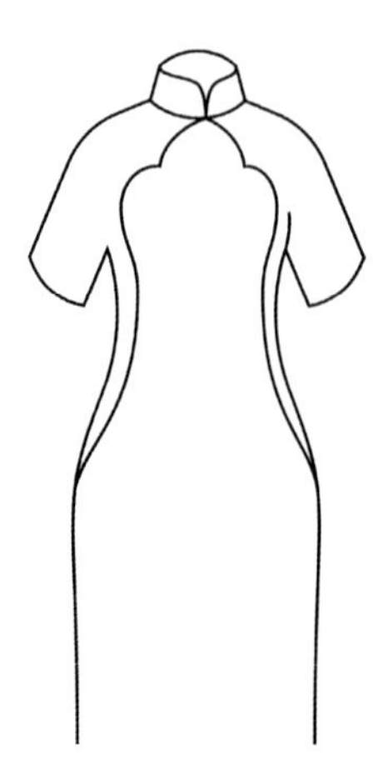

梅花襟

3. 袖型

旗袍的袖型多种多样。袖型的式样常随潮流而变化，时而流行长袖，长过手腕，时而流行短袖，短至露肘，这些都体现了女性对美的孜孜以求。根据袖的长度，可以分为长袖、中袖、短袖、无袖等；根据修身的造型，可以分为倒大袖、直袖、窄袖；根据袖口造型不同，可以分为宽袖、平袖和窄袖等。旗袍常见的袖型有喇叭袖、波浪袖、平袖、开衩袖和荷叶袖、马蹄袖等。

① 喇叭袖　喇叭袖上窄下宽，袖口围大于袖肥，呈现喇叭形状。喇叭袖根据长度不同，又分为短喇叭袖、中喇叭袖、长喇叭袖。根据袖口围与袖肥的比例以及喇叭部分长度形成的形状不同，分为微喇叭、中喇叭、大喇叭。喇叭袖口较宽，显得灵动别致，适合年轻女子穿着。

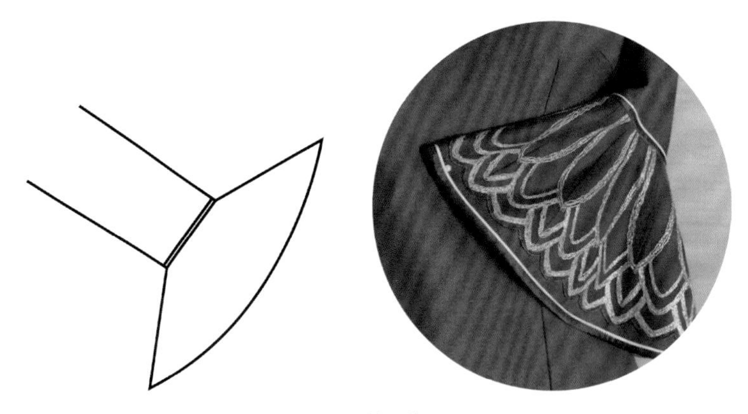

喇叭袖

② 波浪袖　波浪袖因袖口剪裁成波浪的形状而得名。波浪袖适合和喇叭袖结合，显得十分灵动别致，适合性格开朗的女性。

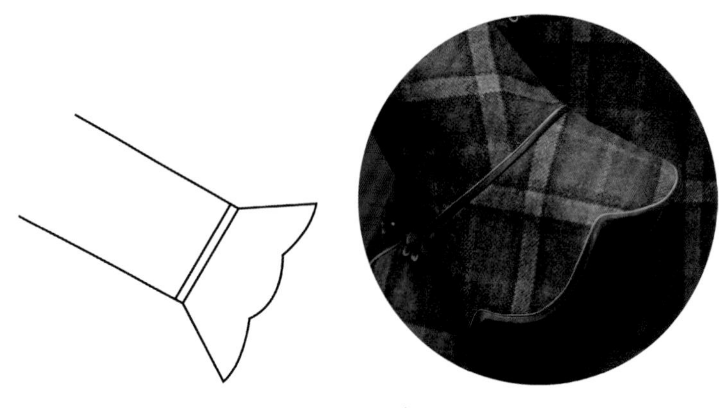

波浪袖

③ 平袖　平袖是袖口围和袖身围几乎差不多的袖型，是最为简洁的一种袖型。平袖显得古朴庄重，适合年龄稍长或个性内敛的女性。

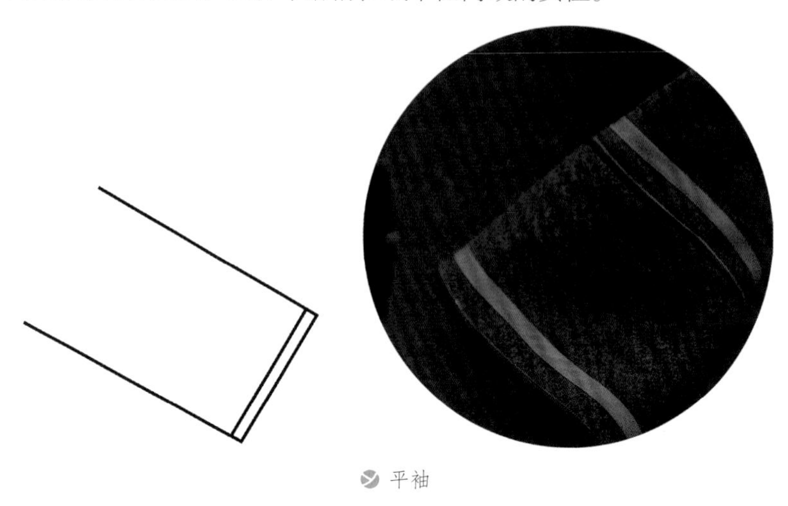

平袖

④ 开衩袖　开衩袖在袖口做开衩处理，将袖口靠外的一边缝线取消，直接让其裂开一个口子。袖口开衩部位两边直角往往裁剪成圆弧状，采用旗袍下摆开衩位置的工艺处理方法进行处理，显得非常精致。开衩袖给各种花边或盘扣装饰提供了展示空间，富有层次感及各种变化。开衩袖不仅便于手臂部分的活动，而且能够很好地修饰手臂线条，拉长手臂线条。

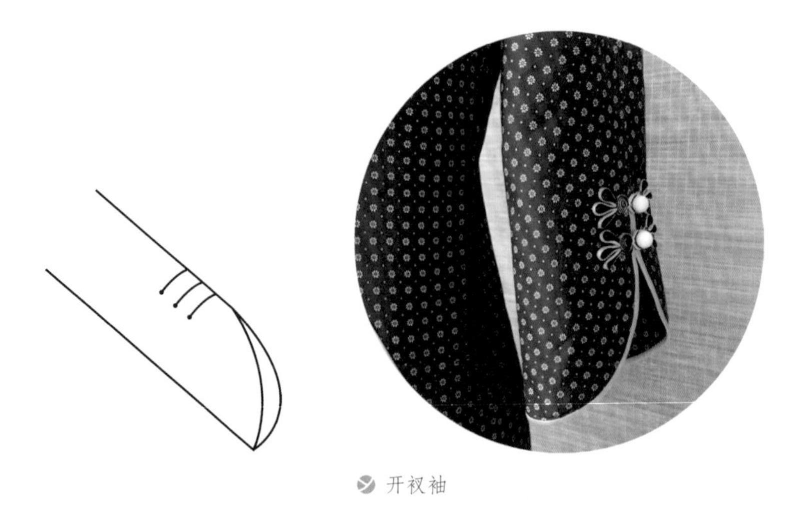

开衩袖

⑤ 荷叶袖　荷叶袖因其袖口形状似荷叶而得名。荷叶袖极其具有时尚感、设计感，袖口的夸张造型能够很好地将视线吸引到手臂，从而更加具有造型感，比较适合个性、娇俏的女性。

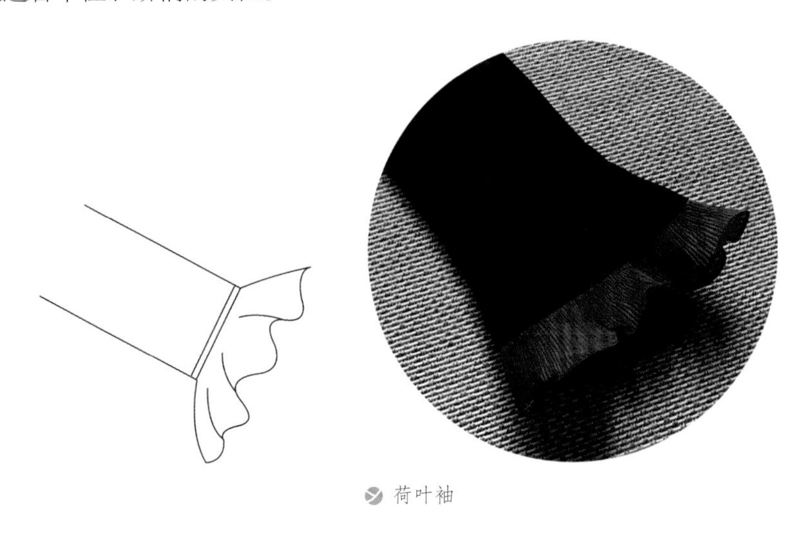

荷叶袖

⑥ 斜口袖　斜口袖是直接在袖口裁剪时做45°角的剪切。这种袖型在袖口处形成斜角，使手臂显得更加修长。虽然斜口袖较简洁，但是比起平袖显得随意和时尚。

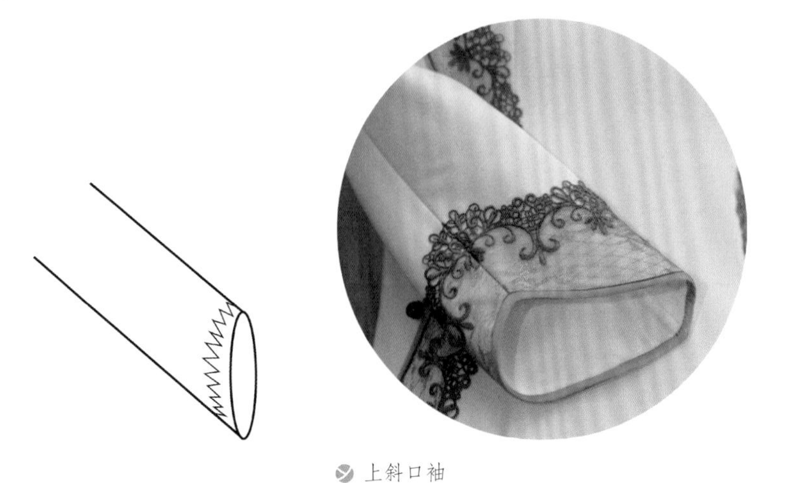

上斜口袖

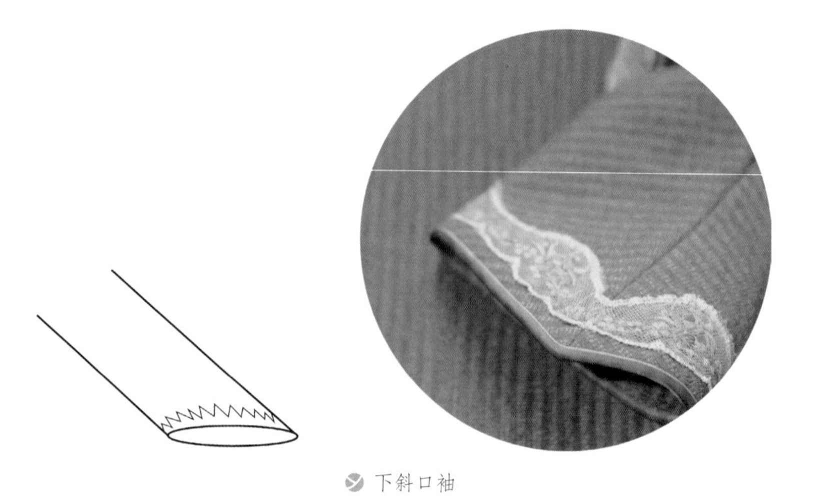

下斜口袖

五、旗袍的绲边及设计

旗袍是一种平面造型的服装，结构简洁，造型上较少变化，所以很注重边缘的工艺装饰。

1. 绲边的分类

旗袍的绲边从颜色、制作工艺可分为很多类型。

（1）按照颜色分为单色绲边、双色绲边、三色绲边、多色绲边等。

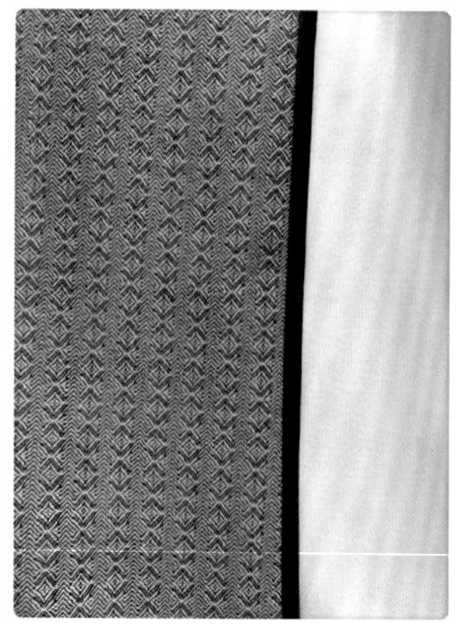

单色绲边

双色绲边（一滚一嵌）

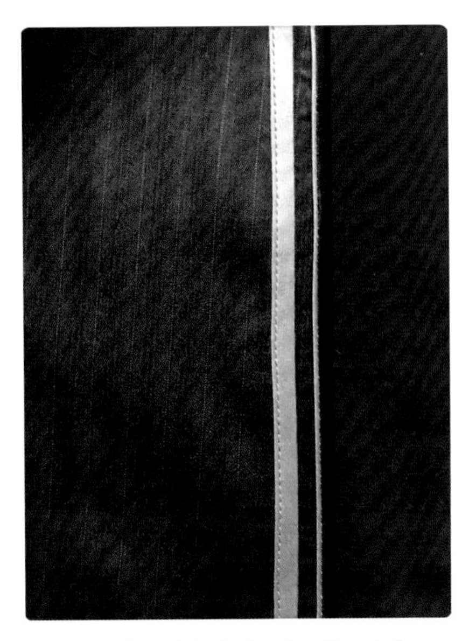

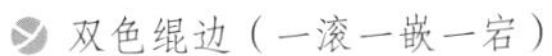

双色绲边（一滚一嵌一宕）

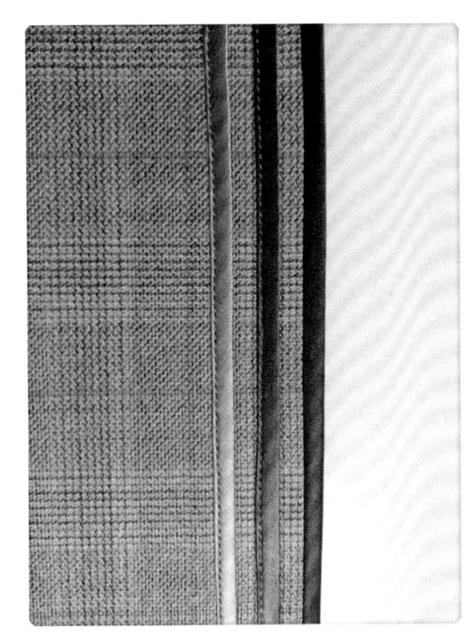

三色绲边（一滚两宕）

（2）按照制作工艺，绲边的分类非常丰富。单工艺的有：①单绲边；②外嵌边。双工艺的有：①“滚嵌”双色边；②“滚镶”边；③“滚宕”两道边或多道边；④“嵌镶”边等。三种以上的工艺有：①“一滚一镶一嵌”多色边；②“两滚两嵌”双色边；③“一滚一嵌两镶”多色边等。

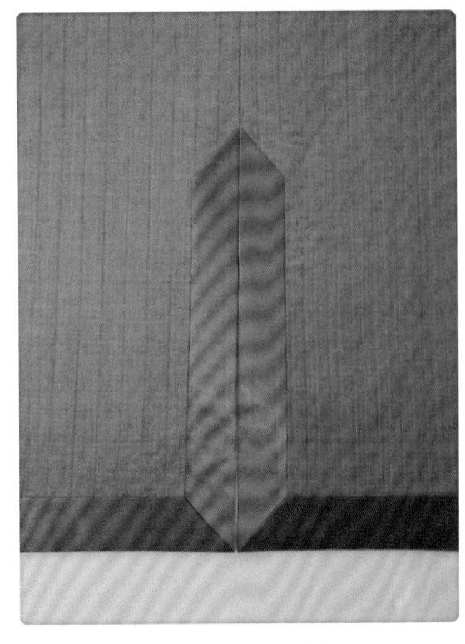

单滚边（宽）

外嵌细伢边

滚宕边

三色滚边

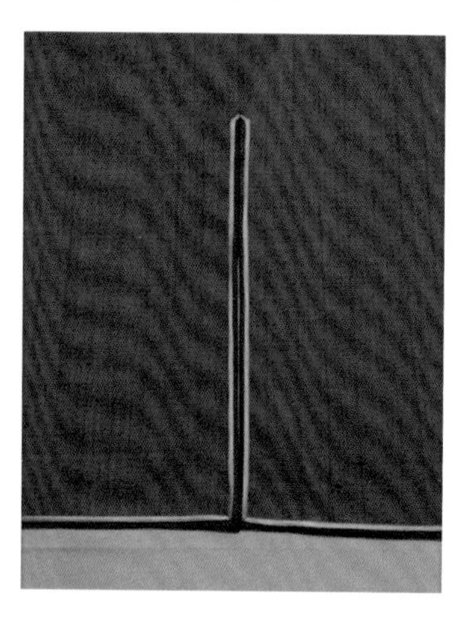

双宽滚边

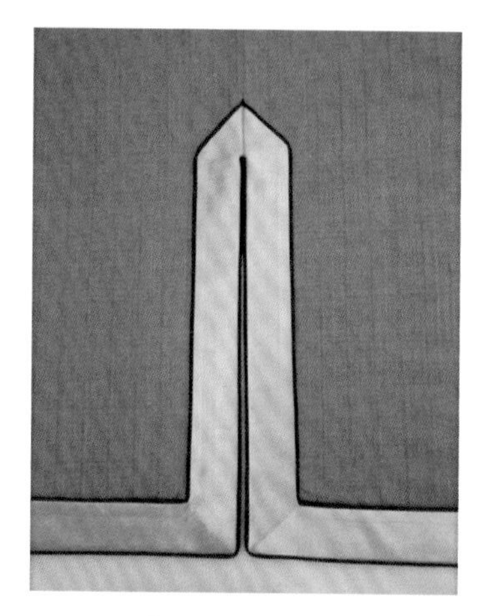

双侧伢滚边

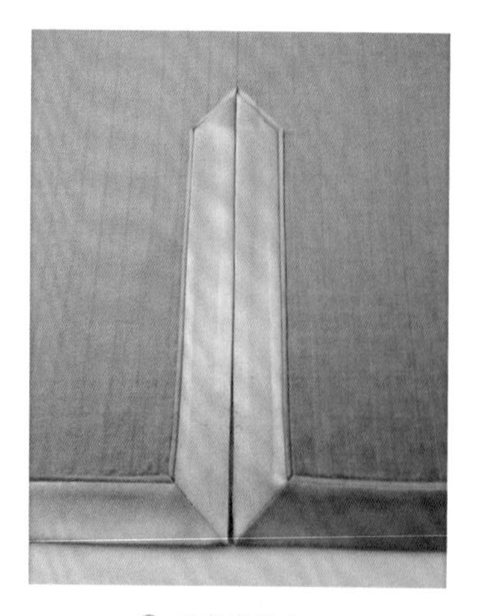

双色滚嵌边

双边嵌滚边

2. 绲边的设计技巧

绲边作为旗袍重要的组成部分，它的设计直接关系到旗袍的总体效果。旗袍的线条正是通过对边的处理得到很好的突显。用好了绲边，旗袍对身材的修饰作用能够更好地体现出来。

（1）绲边颜色设计。绲边的颜色可以选择顺色搭配或撞色搭配。顺色搭配，比较柔和统一，绲边颜色选择和面料接近或同色系的搭配是最保险的搭配。撞色搭配，绲边颜色选择与面料颜色反差大的颜色，视觉冲击力强，线条感强。实际运用中，考虑的因素很多。面料颜色比较艳丽，希望保守一点，就要用暗的颜色绲边来中和。面料颜色比较暗，希望能俏丽一点，就要用亮的颜色绲边提亮。花色的面料，绲边颜色一般要与面料里面的颜色相呼应。

（2）绲边的设计也要考虑面料和辅料的厚度和质感。太厚或太薄的面料不适合复杂的绲边。不同质感的花边选择不同的工艺。例如：水溶花边适合直接镶在面料上；网纱刺绣花边适合包在绲边里面。

（3）绲边设计要考虑各种颜色的配比，突出层次感。双色滚嵌边和双色滚边是不同的感觉，设计时要合理把握。

六、旗袍的盘扣及设计

“盘”是旗袍不可缺少的纽扣附件，在中装中称之为“盘”扣，采用真丝绸缎，根据花型图案用手工弯曲成纽扣状，缝制在旗袍的各个开口处，使旗袍前后有个连接的过程，并起到锦上添花的作用。

盘扣有两大类。一类是用纯布手工编结的软花扣；另一类是用整块硬质材料打洞填充和在袢条内衬金属丝定型的硬花扣。硬花扣造型多变主要用来做装饰花扣。硬花扣可以进行复杂的图案创作，已经发展成为一门独立的艺术门类。但硬花扣使用材料不环保、比较硬，使用起来不舒服、不方便；容易变形，粘胶见水容易脱落，不适合在旗袍上使用。旗袍上的盘扣一般都是用纯布手工编结的软花扣。盘扣的花式种类丰富，除了最简单的一字扣，有模仿动植物形状的金鱼扣、蝴蝶扣、菊花盘扣、梅花扣、花蕾扣等，还有表现艺术形象的飞天扣、开屏扣、蝶恋花扣等。另外，还有带有吉祥含义的丰收扣、六福扣等。盘花分列两边，有对称的，有不对称的。

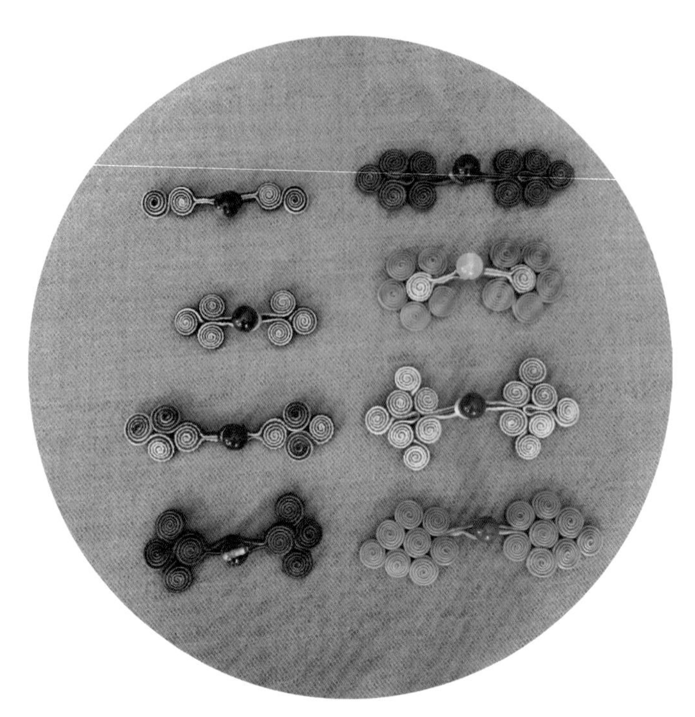

各种饼扣

各种花型扣

1. 盘扣的分类

（1）根据颜色分为单色花扣、双色花扣或多色花扣。

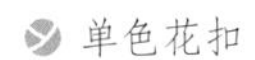
单色花扣

双色花扣

双色花扣

多色花扣（金鱼扣）

单层花扣

（2）根据复杂程度分为单层花扣或多层花扣。

多层花扣

（3）根据形状分为对称花扣和不对称花扣。

对称花扣

不对称花扣

花扣的点缀效果

2. 盘扣的设计技巧

旗袍上的盘扣要兼具实用性和美观性。旗袍盘扣的设计需要遵循一定的技巧。

（1）首先，盘扣的扣条颜色要与绲边颜色一致或呼应，盘扣布尽量和绲边布一致。这样盘扣点缀在旗袍上与整件旗袍颜色和谐一致。有时候当绲边颜色和面料颜色反差极大，盘扣还要起到一个过渡作用，这个时候盘扣颜色包括滚边颜色和面料颜色。

花扣的过渡效果

（2）盘扣设计要把握盘扣美观性和实用性的平衡。当整件旗袍比较素雅，需要盘扣点缀装饰效果时，往往选择盘花较复杂的款式，例如：胸前盘大花扣、领子与下摆采用一字扣或者领、胸前、下摆多对花扣的搭配；当整件旗袍细节比较丰富，往往面料色彩丰富或有绣花、花边等装饰时，盘扣就以简洁古朴的一字扣为主。

大花扣的装饰效果

简洁盘扣的实用功能

单襟旗袍的大花盘扣装饰

（3）盘扣的设计还要考虑旗袍的襟型、领型等细节。单襟旗袍盘扣更加丰富些；双襟的盘扣要简洁一些，往往以小巧别致的扣型为主。高直领适合三对以上的一字扣或类似的长形扣；大圆领适合一对大花盘扣。

双襟旗袍小型花扣的装饰

（4）盘扣的设计要考虑扣缀的位置。腰部不适用跳色的一字扣或类似的扣型，会无形中拉宽腰部，显得腰粗。胸部的盘花扣可能比领口和下摆的盘扣比例大一些。旗袍的盘扣一般是与绲边垂直的角度，但是曲线襟就不适合这种角度，由于曲线方向的多变会造成视角凌乱，这个时候曲线部分尽量用暗扣或者珠扣搭配扣袢的简洁方式。

（5）盘扣的设计要考虑排列。盘扣的总个数是奇数，在中国传统文化里奇数就是阳数。盘扣的个数也反映出旗袍的严谨、秩序。

七、旗袍的其他装饰及设计

旗袍的其他装饰工艺包括刺绣、贴花（片）、手绘等多种手法。

1. 其他装饰工艺

（1）刺绣　“绣”是在单色的面料上用传统的手工刺绣方法绣成各种图案，使整件旗袍既有着极强的观赏性，又有艺术性。由于市场需求和刺绣产地的不同，刺绣工艺品作为一种商品开始形成了各自的地方特色，其中苏、蜀、粤、湘

旗袍上的刺绣荔枝图案

旗袍上手绘的荔枝图案

四个地方的产品销路尤广，故有“四大名绣”之称。

（2）贴花或贴片　将一块不规则或镂空的布片或绣片通过一定的针法固定在面料上，就像“贴”上去的一样，有凹凸感，比直接刺绣更加有立体感。

旗袍上的刺绣荷花贴片

（3）手绘　手绘，即用颜料直接绘画在布料上。手绘有泼墨的和工笔的。虽然中国自古就有在绢丝上作画的传统，但是在旗袍上作画还是具有相当的难度。首先旗袍是立体的，不是平面的，需要时时调整绘画方向等；其次是所用的纺织颜料与平时所用的绘画颜料的性质有很大不同，很难掌握。

旗袍上的手绘金鱼

旗袍上的手绘荷花

旗袍上的手绘玉兰花

2. 其他装饰设计技巧

旗袍上的其他装饰是根据需要而选择的。一般作为礼服的旗袍用得比较多。这些装饰工艺作为旗袍上的点缀，切勿过多使用，否则会适得其反。

（1）刺绣或贴花点缀要恰到好处。比如，在旗袍上的刺绣，可能在肩部、腰部、下摆的某个位置点缀一朵小花或蝴蝶非常雅致。现实中，我们看到的旗袍大多绣得满身都是，结果不伦不类了。事实上，旗袍上“刺绣”的过多使用，以至于“刺绣”几乎成了旗袍的代名词，在国际舞台上，那些带有刺绣的礼服被媒体多次误读为“旗袍”。

（2）在旗袍上的绘画，不是画得好看就行，既要保留中国画本身的艺术性，同时又要考虑人体的曲线及立体的结构，也就是说让旗袍穿在身上不仅仅要保持画作的艺术审美格调，还要体现人体的审美高度。手绘过程就是一个运用中国绘画艺术的元素，同时结合旗袍的整体线条设计、旗袍绲边、盘扣等细节，与画家的创作相呼应的设计过程。所以需要在创作过程中不断与画家进行探讨交流。

旗袍手绘的创作过程

丹青旗袍

第四章 旗袍的裁剪与缝制

一、旗袍的量体

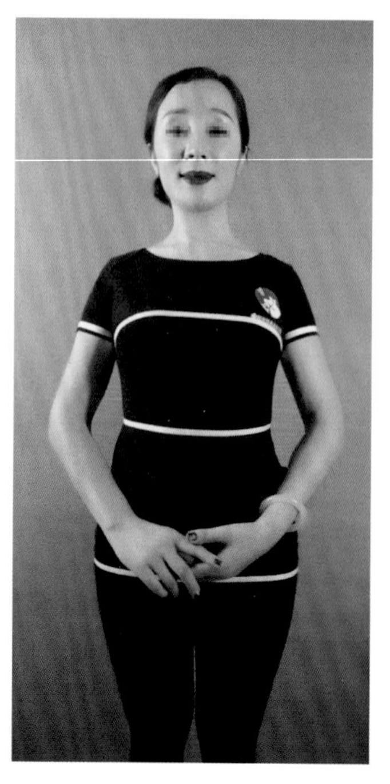
量体前记号线

旗袍作为一种服饰，并非成衣能够满足需要，需量身定制才可以，因此，量体就显得尤为重要。量体是旗袍定制的第一步。对于设计师来说，掌握量体的基本知识，是制作出既舒适又美观的旗袍的关键。

1. 量体的准备工作

（1）量体的工具

① 软尺　测量身体的维度、长度的软尺要准备刻度清晰、柔韧、顺直和没有弹力的软尺。

② 测量表格和笔　量体前要准备记录量体数据的测量表格和笔，在没有测量表格的情况下要使用白纸临时代替。

③ 身高体重测量仪　要准备身高体重测量仪，以便对身高体重有一个总体的判断。

（2）量体的技巧　旗袍的量体要量出净尺寸（即原型尺寸），然后根据各部位的需要适当放松尺度，测量净尺寸需注意以下事项。

① 首先要求被量体者只能穿上平时正常穿着的光面内衣、高跟鞋。

② 量体前要在身体的胸部最大处、腰部最小处和臀部最大处各系一条前后平行的绳子，以绳子为标记，量取胸围、腰围和臀围数据。

③ 要求被测量者要站姿自然。站立时，双脚并拢、大腿上提收紧、抬头挺胸、双肩后展下沉，双手自然下垂，自然呼吸放松。切忌身体驼背、弯腰或倾斜。

④ 量体的顺序一般是从上到下、先横后竖。

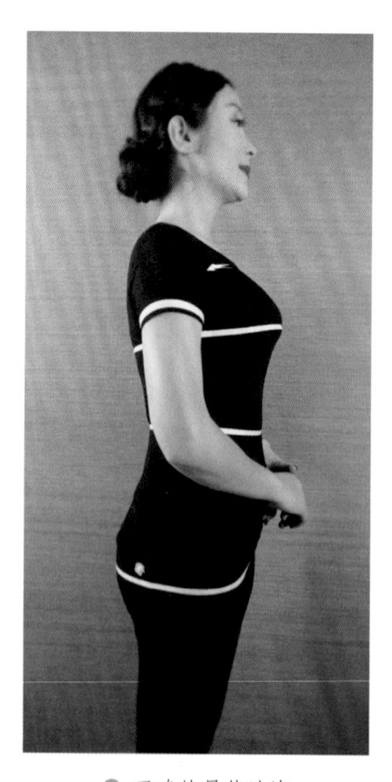
正确的量体站姿

⑤ 测量时，用尺子要保持水平，不要过松或过紧。尽量减少在被量体者面前转来转去，尽量一个体位能够完成足够多的数据。一般尽量避免站在被量体者正前方位置量体。测量时尽量避免与被量体者身体触碰。

⑥ 要尽量观察被测者的体型特征并作好记号。比如：溜肩、平肩、驼背等。

2. 量体的方法及技巧

手工定制旗袍需要测量的数据有很多，其测量方法也不尽相同。旗袍量体的数据有40处左右：身高、体重、胸围、腰围、臀围、领围、颈围、领高、肩宽、前肩宽、前胸宽、后背宽、肩到胸下、上胸围、下胸围、腹围、胸高、胸距、前腰节、后腰节、后背长、袖笼围、臂围、肘围、袖口围、手掌围、手臂长、肘长、袖长、肚围、腰臀直、膝盖长、衩高、前身长、后身长、前衣长、后衣长等。计量单位以厘米（cm）为准。

（1）领围　也称“颈根围”，是指颈根部一圈长度，即围绕颈部一圈经过颈后中心点、侧颈点至颈围前中心点测量一周的长度。前颈点指的是位于前颈部旁两锁骨中间凹陷的地方。后颈点指的是颈椎第七个突出部分，头部向前倾时，会出现凸起，可以通过观察感知位置。

（2）颈围　指颈部一圈长度。软尺绕颈部靠下巴位置一圈，松紧度以能插进去一根手指为准，测量的数据即颈围净尺寸。

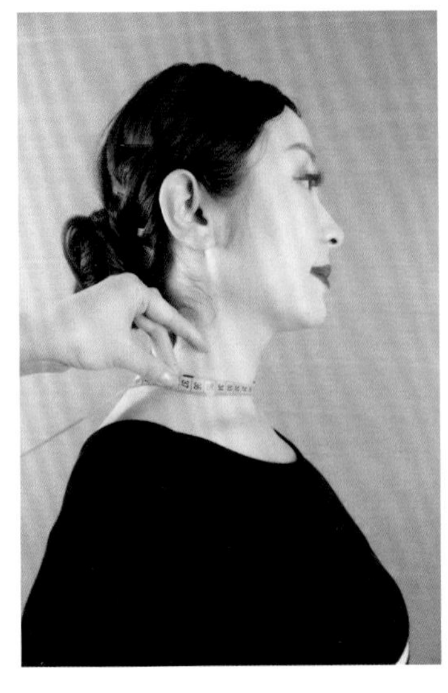

测领围

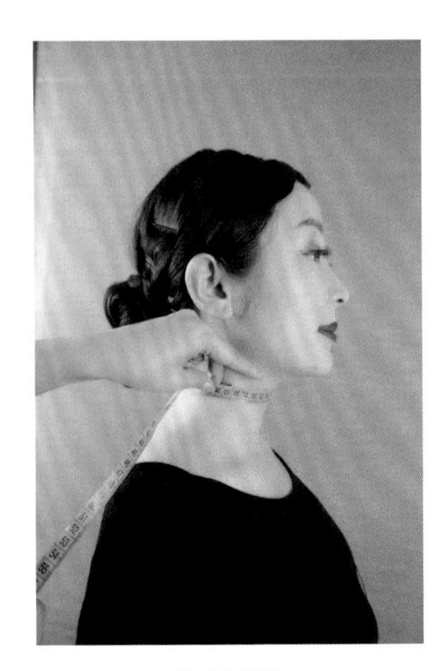

测颈围

（3）胸围　胸围指人体胸部外圈的周长，也称上胸围。用软尺通过胸部最丰满处水平绕一周，松紧度以能插进去一根手指为准，测量的数据即胸围净尺寸。

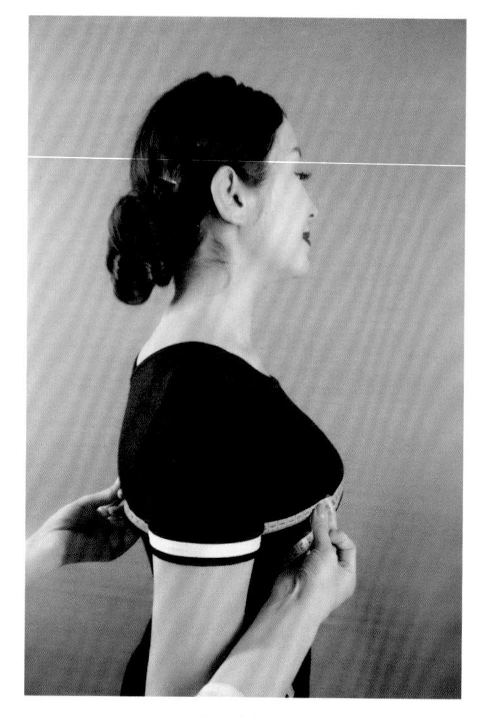

测胸围

（4）腰围　腰部最细处水平一周的长度。用软尺绕腰部最细处，松紧度以能插进去一根手指为准，测量的数据即是腰围净尺寸。

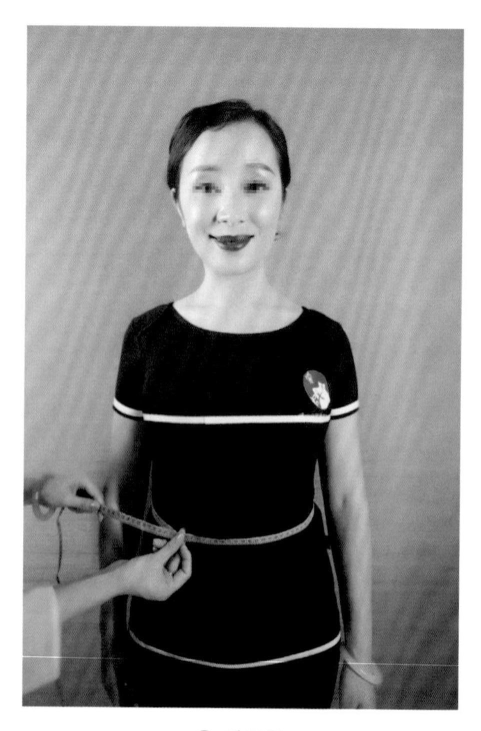

测腰围

（5）臀围　臀部最大处水平一周的长度。软尺沿臀部最丰满处绕一周，松紧度以能插进去一根手指为准，测量的数据即是臀围净尺寸。

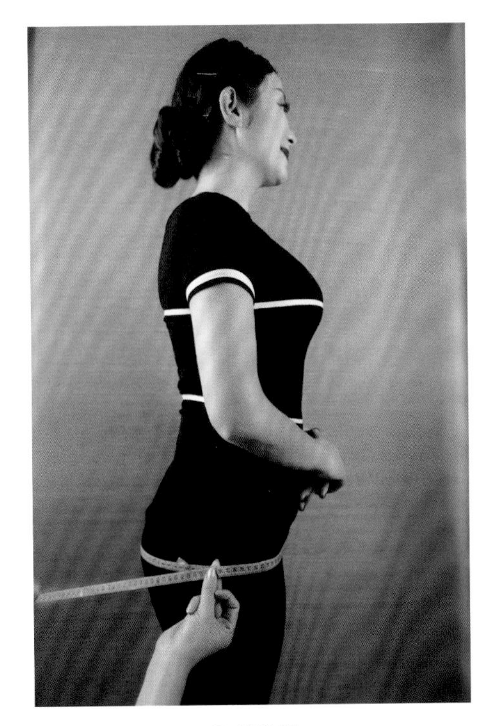

测臀围

（6）肩宽　软尺从后背左肩点经过后颈点处至右肩点的长度，注意这是一个略为向上凸起的弧形曲线长度。肩点指的是，在侧面看时，大约在手臂宽度中间的位置，比肩峰点稍微偏向前方的位置。后肩宽就是从右肩点到左肩点的长度。

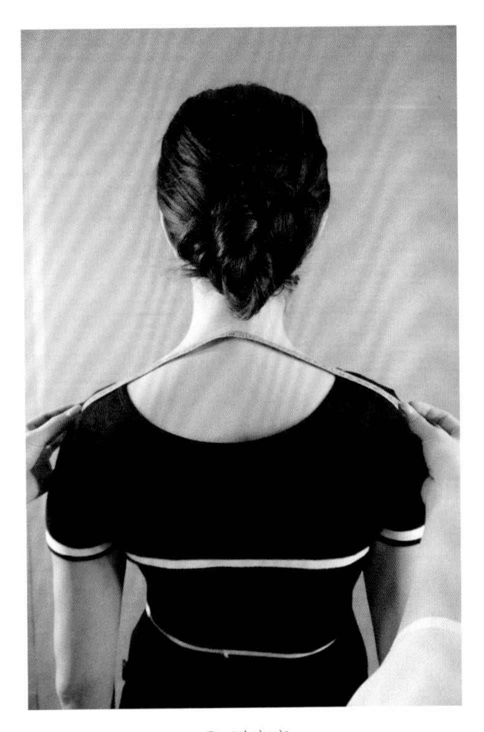

测肩宽

（7）前肩宽　从前身量取左右两肩之间的距离。

（8）前胸宽　也称“前平”，两臂自然下垂，测量左右前腋点之间的长度。手臂自然下垂时与前身的交界处，会形成纵向的折痕，此处为前腋点。

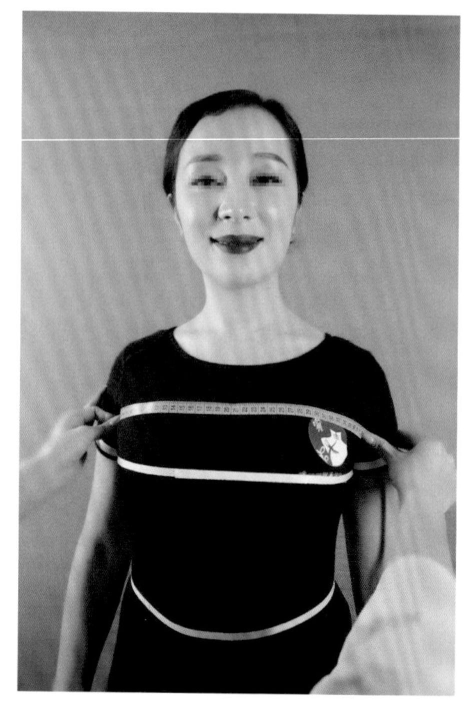

测前胸宽

（9）后背宽　也称“后平”，两臂自然下垂，左右两个后腋点之间的距离。手臂自然下垂时与后身的交界处，会形成纵向的折痕，此处为后腋点。

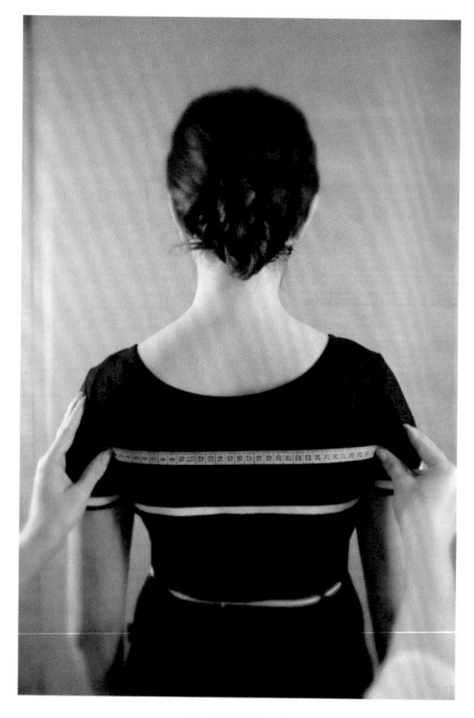

测后背宽

（10）胸距　穿着内衣，测量两个胸高点之间的距离。

测胸距

（11）胸高　颈侧点到胸高点之间的距离。

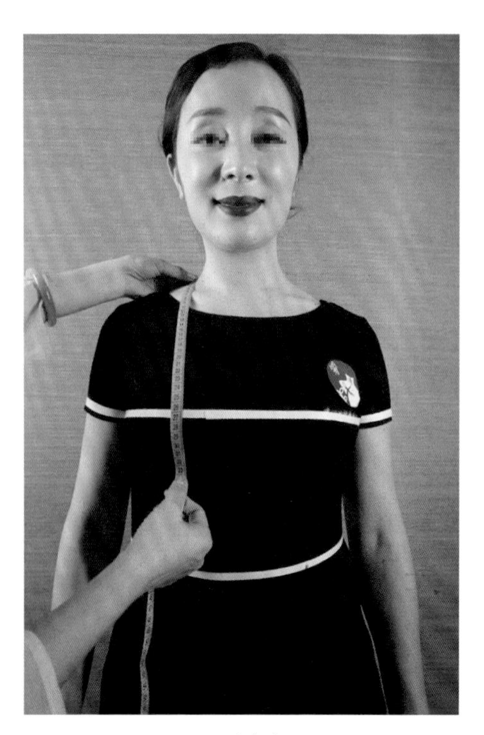

测胸高

（12）下胸围　下胸围是指乳房基底处的胸围。用软尺通过乳房基底处水平绕一周，松紧度以能插进去一根手指为准，测量的数据即下胸围净尺寸。

测下胸围

（13）腹围　也称“中腰围”，是腰围和臀围中间位置水平一周的长度。测量时软尺松紧度以能插进去一根手指为准，测量的数据即腹围净尺寸。

测腹围

（14）臂围　直接用软尺绕手臂一周，水平最宽位置的围度。

测臂围

（15）手腕围　直接用软尺贴着手腕绕手腕最细处一周得净尺寸。

（16）手掌围　拇指轻轻向掌侧弯曲，直接用软尺通过拇指根围量一周的长度。

（17）袖笼围　经过腋窝凹陷处、肩点绕一周的长度。软尺松紧度以能插进去一根手指为准，测量的数据即袖笼围净尺寸。

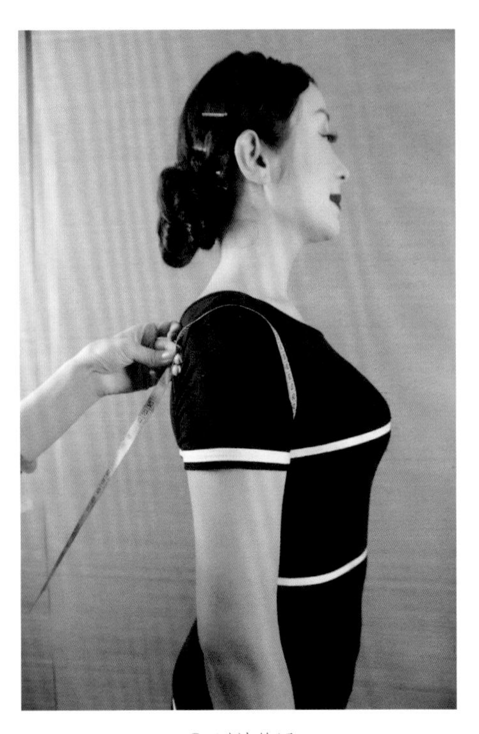

测袖笼围

（18）前腰节　使用软尺量取从颈侧点经过胸高点到前腰线的长度即为前腰节长。

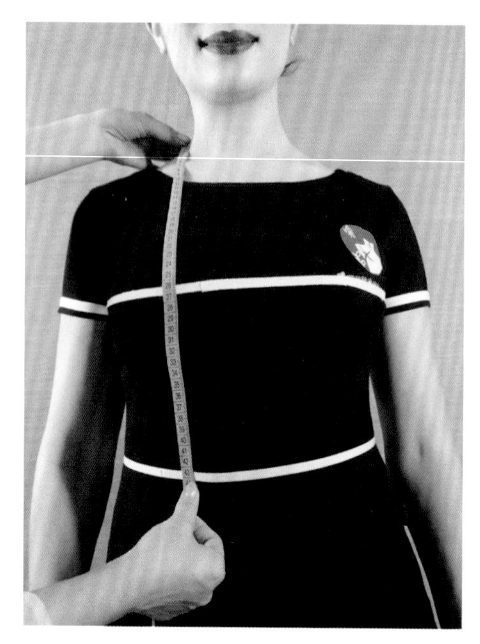

测前腰节

（19）后背长　使用软尺量取从后颈点到后腰线的长度即为后背长。

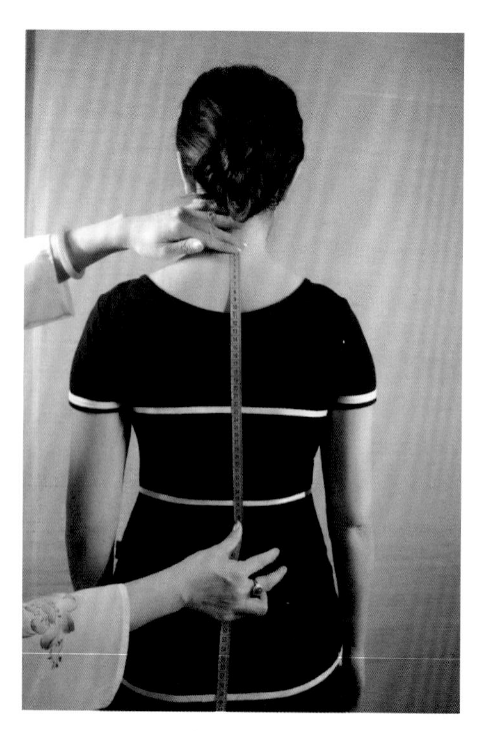

测后背长

（20）后腰节　使用软尺量取从颈侧点经过后肩胛骨隆起位置到后腰线的长度即为后腰节长。

测后腰节长

（21）手臂长　直接使用软尺量手臂自然下垂时，肩点到手腕关节的长度。

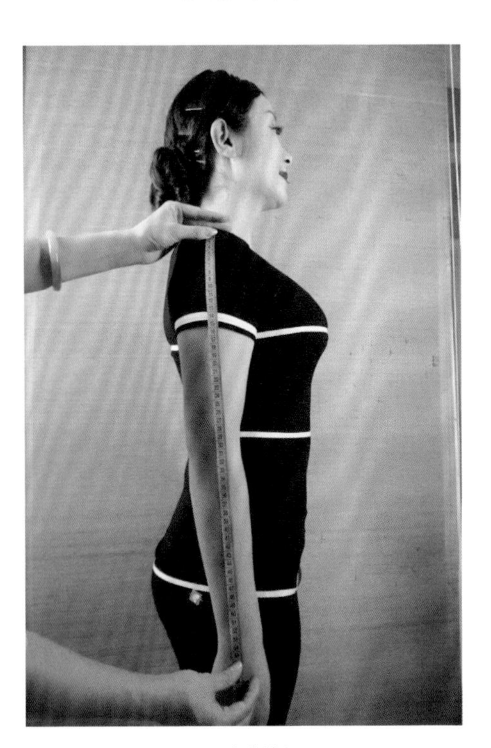

测手臂长

（22）肘长　直接使用软尺量手臂自然下垂时，肩点到肘关节的长度。

（23）袖长　直接使用软尺量手臂自然下垂时，肩点到需要的袖口位置的长度。一般袖口的位置不要在肘部附近。

（24）膝盖长　腰围线到膝盖的距离。

（25）衩高　旗袍的开衩位置一般在膝盖上下10cm的范围，所以衩高是指从腰围线到开衩位置的距离。

（26）腰臀直　腰围线与臀围线之间的垂直距离。

（27）后身长　使用软尺量取从后颈点到后脚跟的长度即为后身长。

（28）前身长　使用软尺量取从颈侧点经过胸高点到脚面长度即为前身长。

（29）后衣长　使用软尺量取从后颈点到旗袍后摆中点的长度即为后衣长。

（30）前衣长　使用软尺量取从颈侧点经过胸高点到旗袍前摆底部的长度即为前衣长。

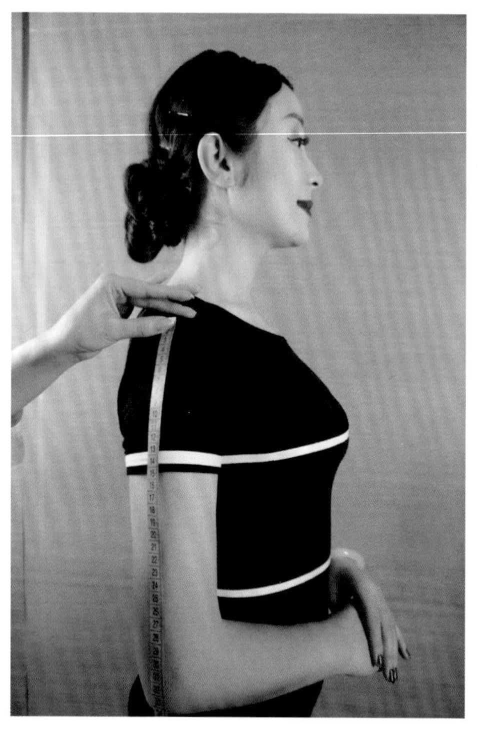

测肘长

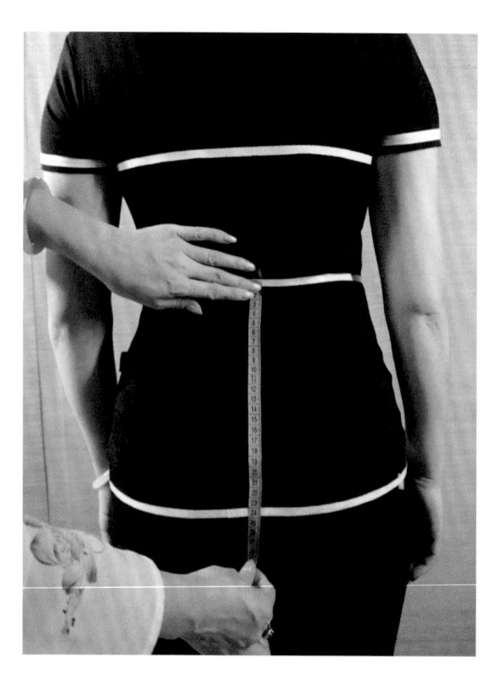

测腰臀直

二、旗袍制作工具及辅料

传统旗袍和传统中式服装使用的制作工具非常简单，一把尺子、一把剪刀、一个熨斗、几枚针就是裁缝的全部家当。经验丰富的裁缝先用尺子和剪刀，裁出旗袍的大致轮廓，再一针一针细致地缝合衣片，使用归拔、包边等工艺制成精美的衣服。随着科学技术在服装领域的应用，新的缝纫设备、熨烫设备、裁剪技术的使用也给旗袍的制作带来了新的变化。但是手工旗袍的缝制过程中也只有少部分可以采用缝纫机来完成。旗袍制版、裁剪、盘扣、包边、缝制等各个环节的手工操作无法被机器所取代，旗袍的制作保留并延续了手工技艺的精致和灵魂。

1. 旗袍制作工具

（1）缝衣针　旗袍以手工缝制为主，因此缝衣针是非常重要的工具之一。手工缝制过程中，细节处理全凭工艺师傅的手感和经验，要求缝制的间距均匀，松紧适宜。

（2）顶针　顶针，形同圆环，表面均匀分布凹窝。顶针一般套在右手中指上，用来保护手指不被针刺伤。顶针多用银、铜、铅或其他金属制成。

（3）尺子　尺子一般有两种：直尺和软尺。直尺用于制图打版和裁剪时进行测量和划线，软尺用于量体。

（4）划粉/消失笔　划粉或消失笔是一种在裁剪衣料上画线、定位的辅助工具。划粉或消失笔使用能够确保裁剪的精确，而画痕能够自然脱落或消逝，不会在成品上留痕迹，便于打理。

（5）针包和大头针　针包多采用有弹性的棉花或毛线塞制而成，用来插放、收集使用的缝衣针、大头针，这样能使针体保持滑润、不生锈、方便使用。针包上缝有松紧带可戴在手腕上。大头针用来给白坯版定形、做调整记号，另外盘扣固定、花边固定等都需要大头针。大头针以进口不锈钢的为佳，不容易挂丝、折断和生锈。

（6）刮浆刀　旗袍制作过程中，很多地方都需要使用刮浆刀。在面料上刮浆糊，如滚条、嵌条、做扣条、制作领子、裁剪等；特别是做丝质旗袍裁剪时，面料丝道容易跑位，刮浆刀可保证面料位置不变。

（7）剪刀　剪刀是旗袍制作过程中，随时要用到的工具。用来裁剪、修剪布料时要用手感舒适、刃口锋利、开合便利的大剪刀；修剪线头要用小巧的绣花剪刀。

（8）锥子　锥子用来处理领角和衣角等细节，使旗袍的边角部分干净利落、不毛糙。

（9）镊子　镊子用来整理线条、控制缝料的松紧度。

（10）熨斗和烫台　熨斗，熨烫衣料用具，古称“熨斗”，亦称“火斗”、“金斗”。现今使用的多是电熨斗，作为平整衣服和布料的工具，功率一般在1350W左右。烫台通过离心电机高速旋转产生强大的气流向下流动，在熨烫时通过自吸风装置产生的吸力防止面料随熨斗移动而把刚熨烫过的面料快速冷却定型。

（11）缝纫机　也称“平缝机”。主要是用一根缝纫线，在缝料上形成一种线迹，使一层或多层缝料交织或缝合起来的机器。在旗袍缝制过程中，缝合裁片、缉花边或包边缝合等可以使用。缝纫机缝制出的线迹整齐美观、线迹均匀，平整牢固。

（12）人台　人台（即“模特”）按人体比例制作的人体模型。旗袍专用人台以国标为原型，胸腰臀比例适中。适合旗袍剪裁的人台，内部的主要材料为发泡型材料，外层用棉质或棉麻质面料包裹。颜色宜用黑色、本白色等。人台要方便大头针的刺插固定。

2. 旗袍制作辅料

（1）版纸　旗袍打版所用版纸一般使用牛皮纸（有各种克重，厚度，规格的服装打版纸）。牛皮纸是坚韧耐水的包装用纸，通常呈黄褐色，在服装方面用途很广，可用于旗袍手工制版。

（2）白坯布　旗袍制作过程中，做原型试版是成衣之前一个重要的环节。即根据原型做出的纸版用与成衣面料质性厚度差不多的布，经过简化缝制成型给穿着者试穿，根据试穿效果对纸版进行调整。这个过程可能是一个反复多次的过程。白坯布最初使用的都是一些价格低廉的没有经过各种印染的白色或发黄的棉织布或化纤布，虽然为一次性使用耗材，但是质地往往与实际用布之间区别较大，容易产生误差。旗袍白坯布尽量使用与面料质地、颜色接近的化纤或棉布料来制作。

（3）领衬　领衬是指用于领子面料和里料之间、附着或粘合在领料上的材料。旗袍高高的立领，需要挺拔的形状还要考虑舒适度、透气性，领衬的选择非常重要。领衬一般使用天然的麻衬或树脂衬。麻衬是以麻纤维为原料的平纹织物，具有良好的硬挺度与弹性，是高档服装用衬。市场上大多数麻衬，实际上是纯棉粗布浸入适量树脂胶汁处理后制成的，适合羊毛、羊绒旗袍领子用衬。树脂衬是用纯棉布或涤棉布经过树脂胶浸渍处理加工制成的衬布，大多经过漂白。此衬硬挺度高，弹性好，缩水率小，耐水洗，尺寸稳定，不易变形，很适合旗袍一般领衬。

（4）粘衬　粘衬一般分无纺衬，有经无纺衬和有纺衬三类，无纺衬就是没有经纬线的，基本上是高温高压下压制的，有经无纺衬，就是只有经线，有纺衬就是经纬线都有。不同的粘衬用在不同的部位其使用方法也不一样。旗袍主要使用有纺衬。缝合面料和收省时，边缘用斜丝的有纺衬固定，这样面料缝合后不容易拔丝。侧缝归拔后用直丝有纺衬嵌条固定不易变形。另外建议旗袍面料大身尽量不要用粘衬，因为面料的透气性会降低。包边条用的有纺衬是10D的，一般的毛料用的是25D的，羊绒用的是30D的。

（5）绳线　旗袍所用绳线主要是用在嵌条里面，用来增加立体效果的。一般用在旗袍上的绳线是直径 0.3 ~ 0.6mm的纯棉绳线。根据不同使用部位和面料要求来决定用绳的粗细。

（6）浆糊　面粉适量，用开水，边冲边搅拌成糨糊状，将布料铺平，用长度适当，0.1cm厚，3cm宽的光滑竹片，与布料成45° 的方向刮浆糊。

三、旗袍的裁剪工艺

熟练的旗袍师傅，一般都不用打纸版，直接取划粉在布料反面画出裁剪记号，既快又不容易发生跑位的问题，尤其对质地柔滑的丝绸、绢等，甚为方便。

旗袍的裁剪方法是平裁法。平裁法是我国传统的服装裁剪方法，它是控制人体主要部位的数值，加放一定的松量，再以这些数值按一定的比例公式推算出其他细部尺寸，如胸宽，背宽等，它适合于常规，简单，细部变化少的旗袍裁剪。因旗袍制版的技术含量不高，在此不再赘述。旗袍裁剪依赖于师傅长年累月的经验与手感，细节的处理也是因人而异。

下面就比较常用的裁剪方法进行介绍。首先需要复印一份原型纸版，然后在纸型的褶子及大襟边上剪记号孔，再用划粉或消失笔复制版型到布料的反面。

实例

（1）款式说明

旗袍款式：日常羊毛旗袍。

款型特征：前后两片式连肩袖、单襟圆曲线襟、七分平袖、圆摆。

面料：红色、进口羊毛面料（120支纱、克重320g/m^2）

内衬：粉色（重磅真丝双绉19姆米[1]）

绲边：双色滚嵌边（材质：重磅真丝缎19姆米）

花扣：双色花式布盘扣（材质：重磅真丝缎19姆米）

（2）裁剪注意事项

① 裁剪一般是先大后小，先主后次。

② 裁剪前，需要预缩面料、内衬料等。

③ 面料有正反区别，需细心分辨。

④ 裁剪顺序是：前片大襟—后片—前片小襟—领面—贴边。

⑤ 裁剪时保持横平竖直，注意面料经纬（纵横）方向，不要纵、横、斜乱用。

---

[1] 姆米为真丝面料的常用厚度单位，1姆米＝4.3056g/m^2。以下同。

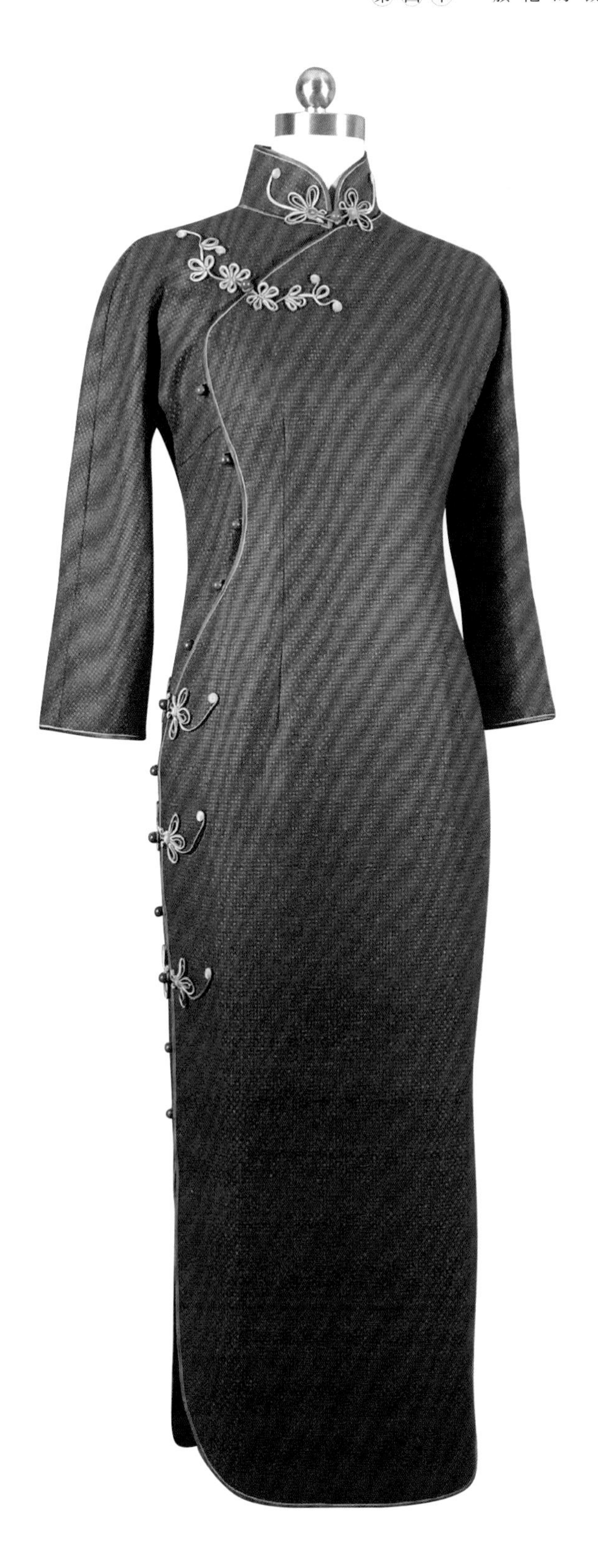

(3) 裁剪步骤及技巧

① 缩烫　在面料及内衬反面用蒸汽熨斗熨烫面料及内衬。

预缩面料

预缩内衬

技巧

a.检查面料是否有污渍，颜色不均匀等瑕疵，在裁剪前尽可能避免。
b.熨烫需要矫正丝道，让丝道顺直。熨烫均匀，不留死角。
c.缩水性强的料子应下水浸泡一下。
d.如果有花边装饰，也需要预缩。

② 排料 在面料反面按面料丝道的方向进行排料。下图排料图是比较省面料的一种方法，因面料无倒顺毛、无图案。

技巧

a. 有些面料有倒顺毛，裁剪时上下的方向必须顺排不能颠倒，否则会出现颜色深浅不同，手感不一样的问题。

b. 有图案的面料，要注意图案的倒顺。格子面料注意对格子，大小襟对格、前后衣片（肩缝）对格，左右对称。

c. 有花型的面料注意前大小襟对花、前后衣片（肩缝）对花。

d. 领子左右对称。

排料

③ 复制版型 在布反面复制版型，画线做记号。

技巧

a. 复制版型时要把面料全部铺开，版纸全部铺好压平后，开始画记号。这要求案板足够大。

b. 做记号时，也按照先大后小，先主后次的原则。

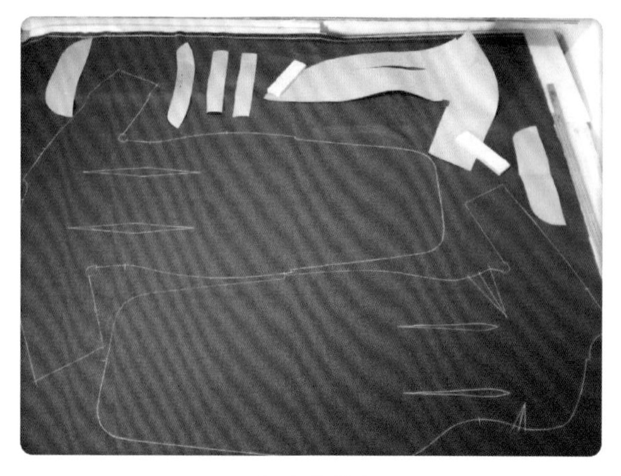

复制版型

④ 裁剪前片大襟　按照做好的记号，用布剪刀从边缘开始裁下前片大襟，并在下摆中间打上剪口，用手针在腰线、臀围线位置做好标记线。

第一步：从边缘开剪，顺着记号线剪开布片。

第二步：在腰线和臀围线处手缝标记线。

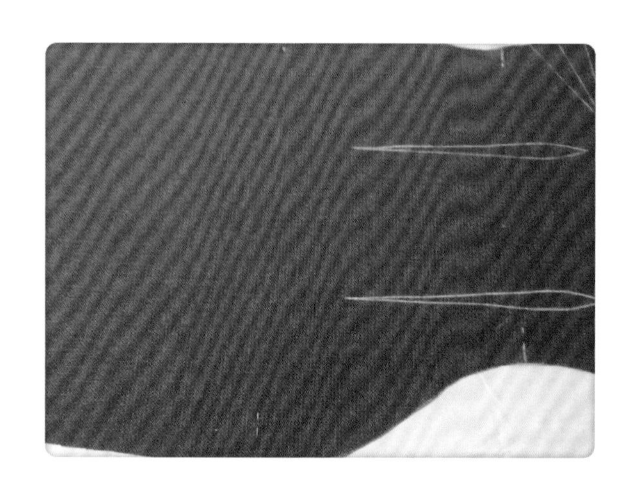

前片大襟裁剪完成如图。

技巧

a. 裁剪时剪刀从边缘入手，尽量紧贴案板进行操作，避免移位。

b. 标线时注意腰线、臀围线位置准确。

⑤ 裁剪后片　按照做好的记号，用布剪刀从边缘开始裁下后片，并在下摆中间、领中打上剪口，用手针在腰线、臀围线位置做好标记线。

第一步：从边缘开剪，顺着记号线剪开布片。

第二步：同前片大襟。后片裁剪完成如图

裁剪技巧同前片大襟。

⑥ 裁剪前片小襟　按照做好的记号，用布剪刀从边缘开始裁下前片小襟，用手针在腰线、臀围线位置做好标记线。特别是要做好开襟曲线的标记线。

第一步：从边缘开剪，顺着记号线剪开布片。

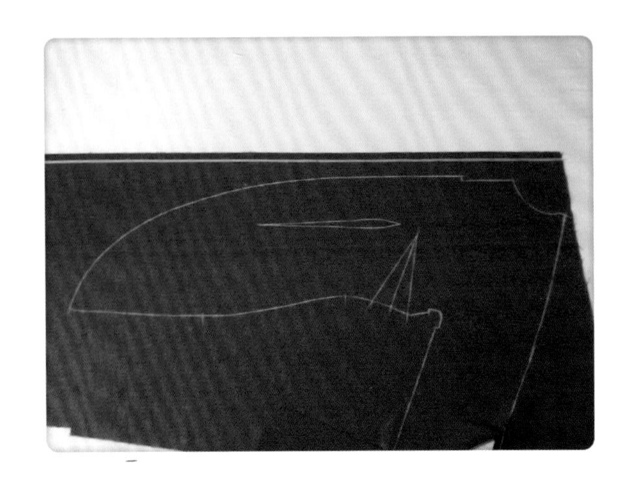

第二步：在腰线和臀围线处手缝标记线。

第三步：前片小襟做好开襟曲线标记线。

裁剪技巧同前片大襟。

⑦ 裁剪领面和下摆贴边、袖口贴边　首先按照做好的记号，裁剪领面，接着给下摆贴边、袖口贴边反面粘衬，加强记号后裁剪下摆贴边、袖口贴边。

第一步：顺着记号线裁剪领面。

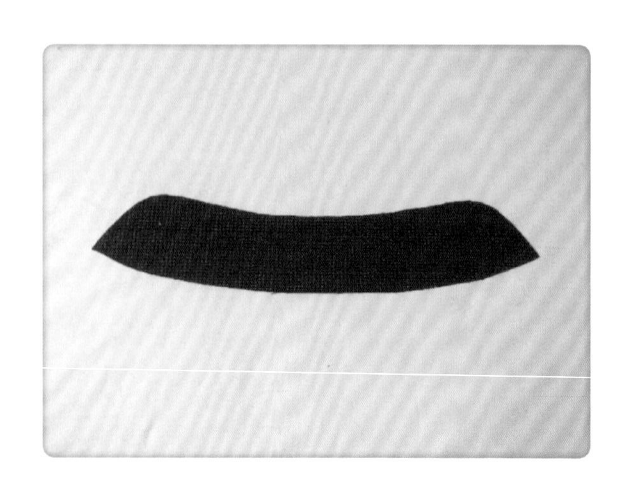

第二步：给下摆贴边、袖口贴边粘衬。

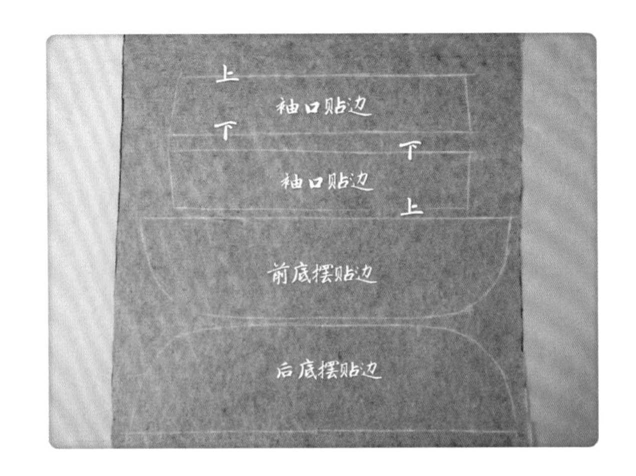

第三步：裁剪下摆贴边、袖口贴边。

技巧

a. 在裁剪领面的时候，可以领中对折裁剪，保证两边对称，大小一致。因面料较厚，领里用内衬布。如果较薄面料领里也需要一起裁剪，裁剪时大小比领面小0.5cm左右。

b. 裁剪下摆贴边的时候，注意前后贴边对应。

c. 袖口贴边裁剪时注意布料正面相对，保证丝道或图案的对称。

⑧ 按照裁剪面料的步骤裁剪内衬 包括前片大襟、后片、前片小襟、领里。

第一步：裁剪内衬前片大襟。

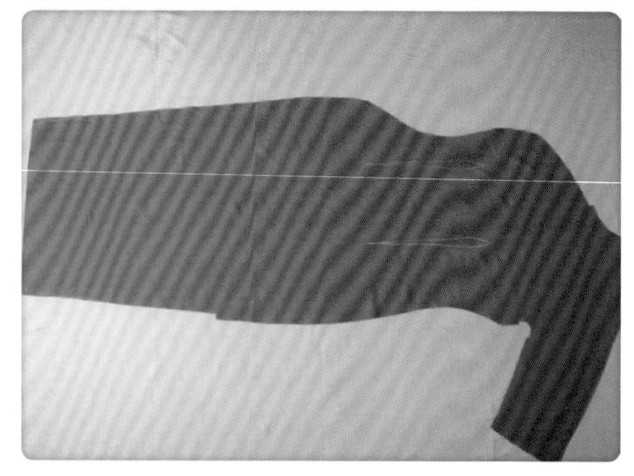

第二步：裁剪内衬后片。

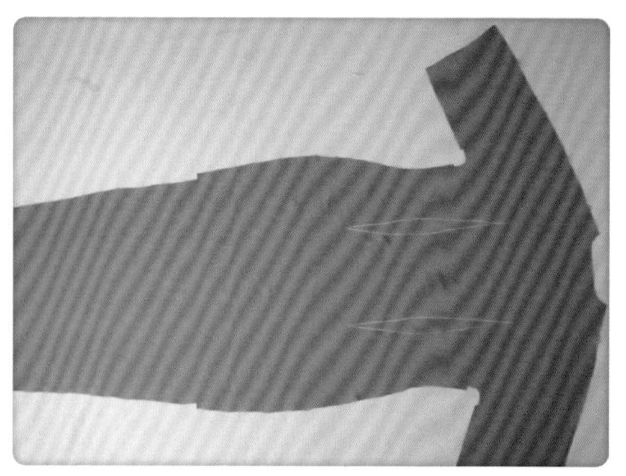

第三步：内衬前片小襟。

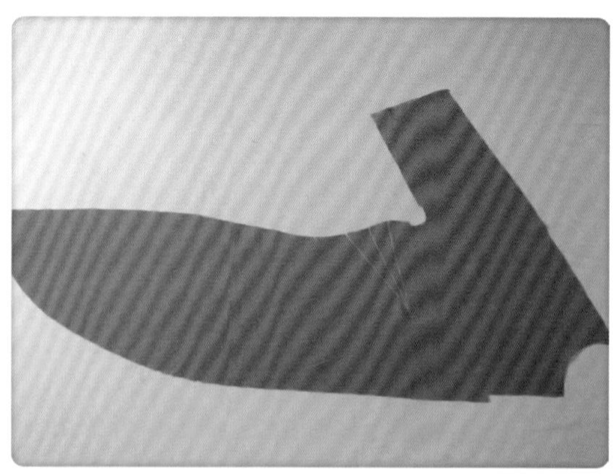

第四步：裁剪领里。

技巧

a. 内衬裁剪也需要手缝标记线，同面料一样。

b. 内衬底摆比面料短5cm，并且从内衬底摆往上5cm处变直摆。

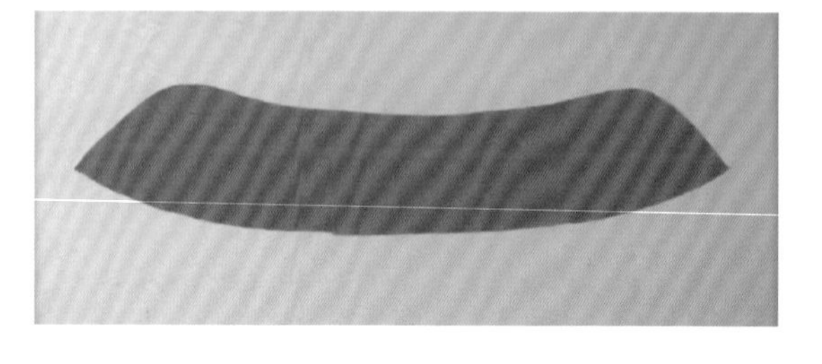

⑨ 裁剪结束，整理裁片，以备缝制使用。

四、旗袍的盘扣工艺

一组盘扣由扣头、扣袢和扣花三部分组成。扣头、扣袢结在一起使之发挥功能性作用，扣花则起美化装饰作用。盘扣的扣花、扣袢用袢条折叠缝纫的布料细条编织而成。扣头除了扣条编织的布扣头，各种名贵的宝石，如翡翠、珍珠等都是理想材料。

1. 制作方法（所示范材料为重磅真丝缎）

（1）扣条的制作方法及步骤　扣条的制作方法主要有机缝暗线法、机缝明线法和手缝法。用得较多的是机缝暗线法。

① 机缝暗线法　为使扣型盘制得无线迹，造型美观，可将斜布条对折，用缝纫机毛边车缝一道，然后用长针翻正成扣条。它可用于做各种盘扣。

单色扣条制作步骤如下。（扣条要求：宽0.25 ~ 0.3cm）

第一步：将无纺衬裁成与面料同样的大小，使用熨斗扣烫。

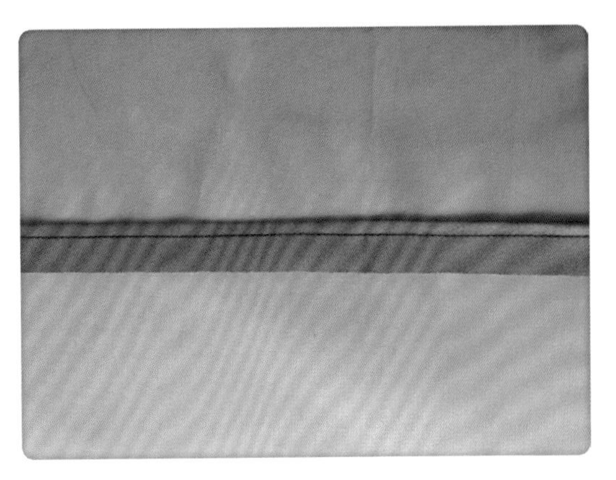

第二步：使用划粉45° 角画3cm宽的线，使用剪刀裁成布条，将布条对折，离对折边0.25 ~ 0.3cm的位置使用缝纫机缉线一道。

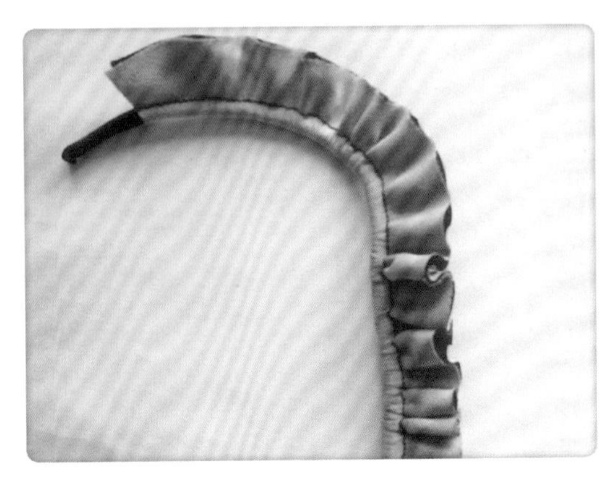

第三步：使用长针翻正成扣条。

第四步：最后使用熨斗进行熨烫。

双色扣条制作步骤如下。(扣条要求：宽0.25 ~ 0.3cm)

第一步：将无纺衬裁成与面料同样的大小，使用熨斗扣烫。

第二步：使用划粉45°角画1.5cm宽的线，使用剪刀裁成布条，将布条正面相对叠在一起，使用缝纫机缉线2道(间距为0.25 ~ 0.3cm)。

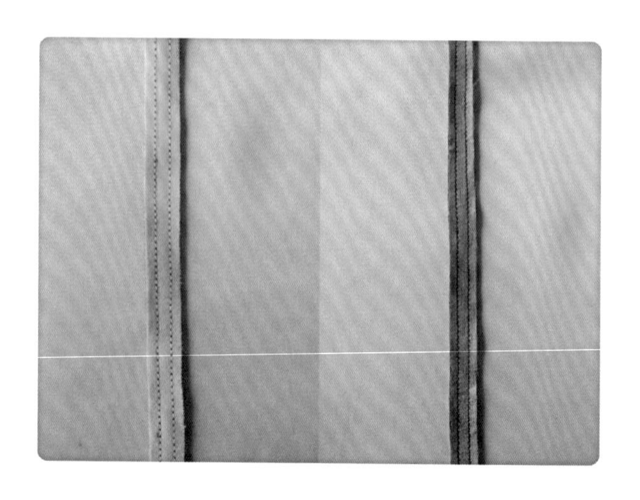

第三步：使用长针翻正成扣条。

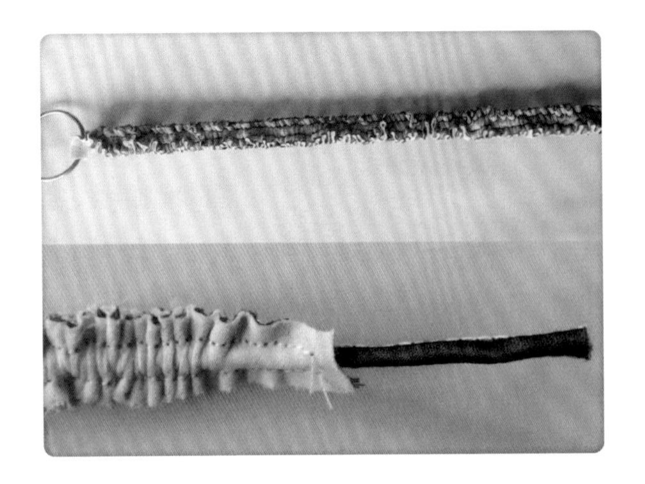

第四步：使用熨斗进行熨烫。

单双色扣条完成。

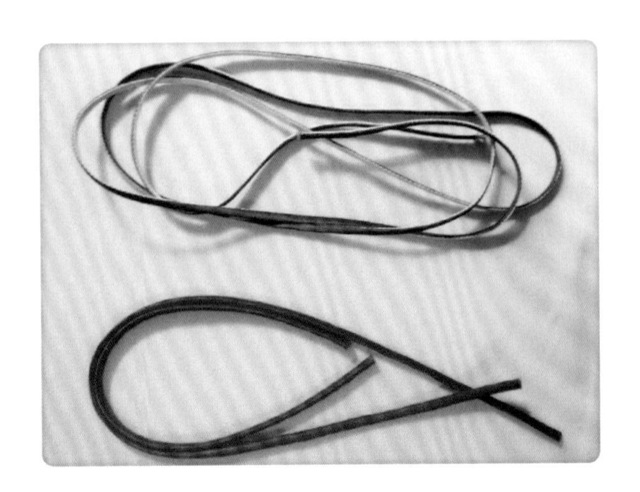

② 机缝明线法　用2cm宽的斜布条，将两边的毛口向里折成4层，然后用缝纫机边车缝明线一道。它可用于做各种盘扣。

③ 衬线手缝法　取2cm宽的斜丝45°，薄料时内粘有纺衬，厚料时可以不用。做法是：先用针钉住，然后用右手缝针缴牢。

（2）布扣头的制作方法及步骤　将制作好的扣条按照一定的方向编结成扣头的具体操作步骤如下。

扣头的编结方法如下。

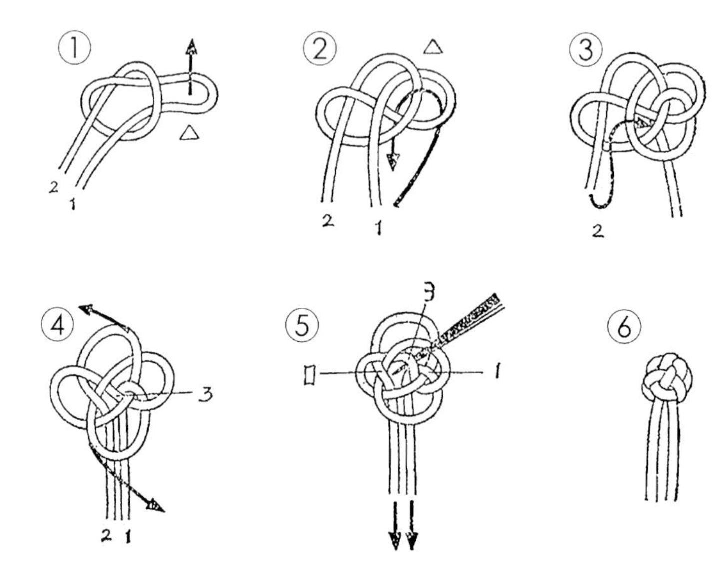

扣结的制作步骤如图。（所示范材料为重磅真丝缎）

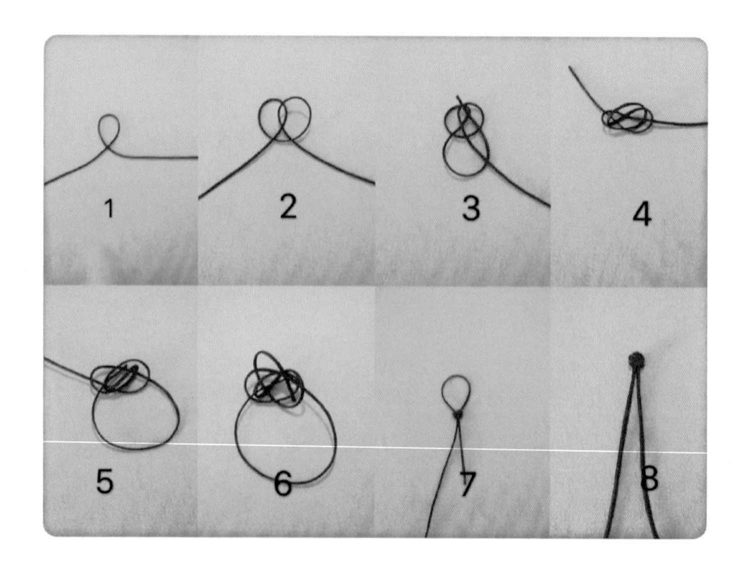

（3）琵琶扣的制作方法及步骤

琵琶扣的编结方法如下。

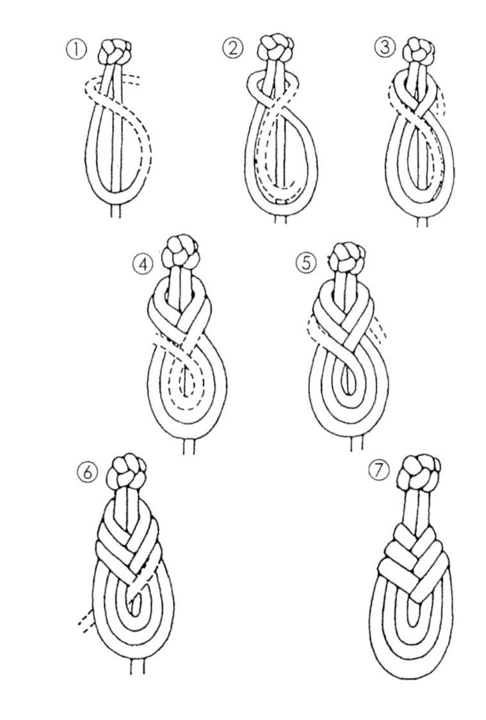

琵琶扣制作步骤如图（所示范材料为重磅真丝缎）。

（4）一字扣的制作方法及步骤　直扣是最简单的中式纽扣，制作重点在于其尾端的收口及手缝线的匀称整齐。一般直扣的完成长度以7cm为佳，5cm也比较常见。视个人喜好而定。下面以7cm为例，所示范材料为重磅真丝，完成扣身7cm，扣头直径1cm，扣袢长1.5cm。

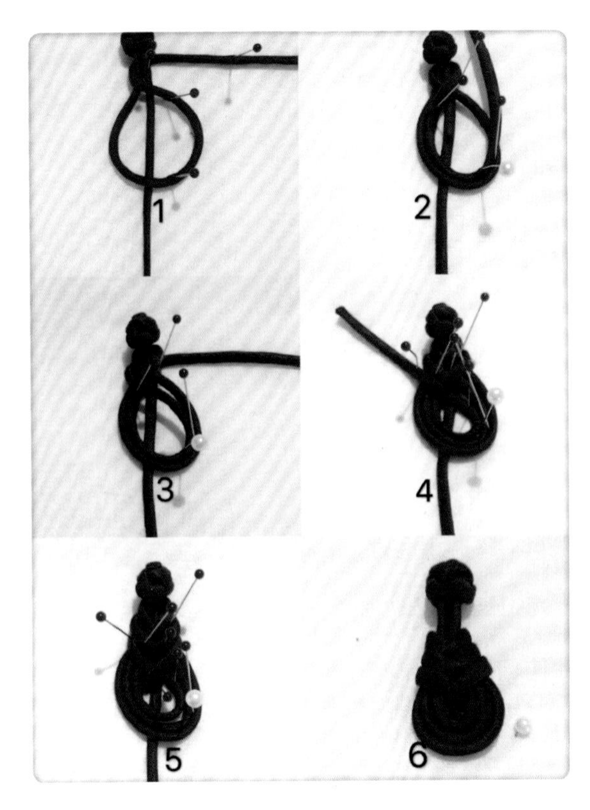

① 选择长度适中的扣条长度大于需要的扣头和扣袢长度各2cm以上。扣头端长度：扣结11cm+扣身7cm×2+缝缝0.5cm×2=26cm；扣袢端长度：扣袢3cm+扣身7cm×2+缝份0.5cm×2=18cm。

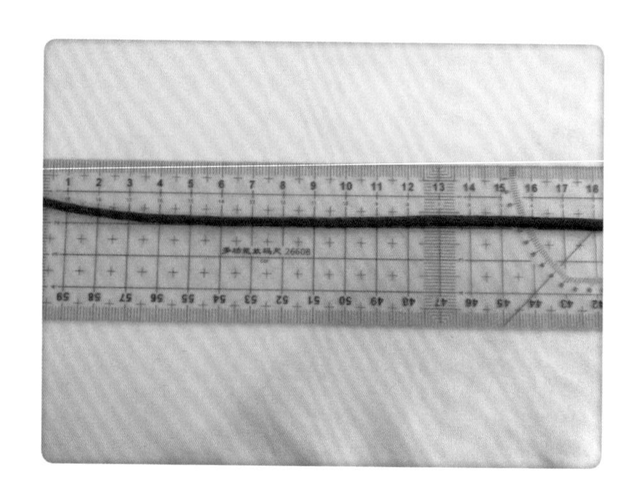

② 编结好扣头后，将两端留出的扣条并齐，保持长度一致。分别在离尾端0.5cm处用线缠上固定。

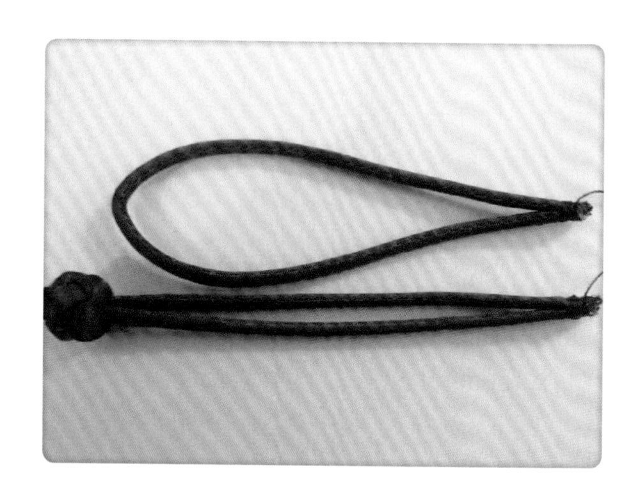

③ 将尾端回折成圆鼓状后，缝头尽量藏在底部，再用针缝住固定。

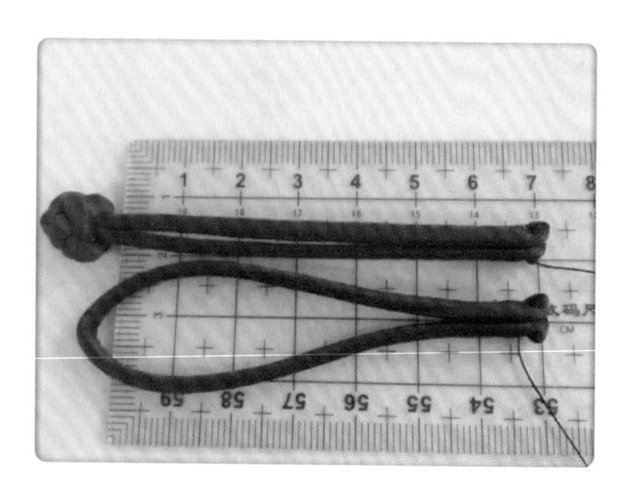

④ 在需要缝扣的位置，用直尺画出缝扣的记号线。

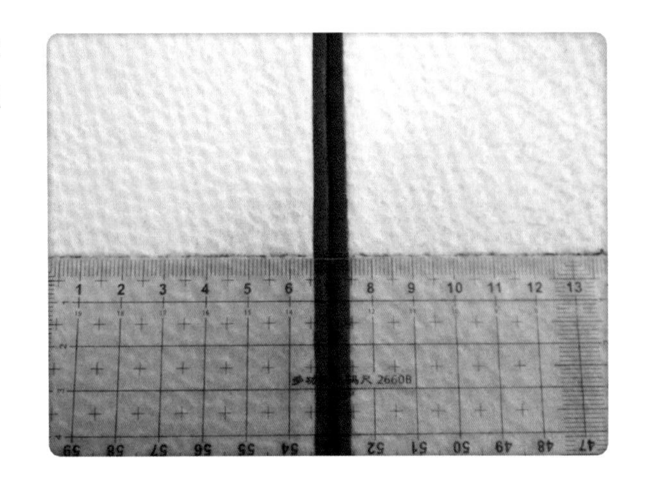

⑤ 再距尾部0.5cm处于衣襟反面起针，然后穿到正面做缝合，取四分之三的扣高位置穿针，再于另一侧穿回衣襟反面，如此反复，保持针距0.1cm。

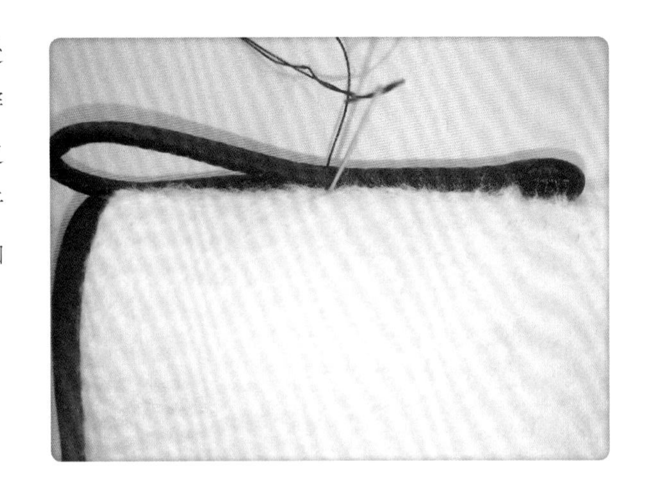

⑥ 在距扣头记号0.5cm的地方收针，来回多缝几针加强，于衣襟反面打结。

⑦ 以同样的手法，由扣尾起针，在扣袢记号处收针固定，留此段不缝合是为了让扣合时有足够的活动量。

⑧ 完成一端的扣身长7cm，误差不超过0.5cm。

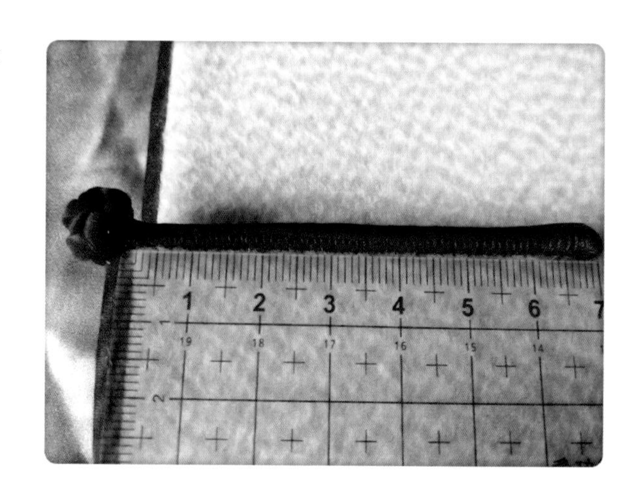

（5）各种饼扣的制作方法及步骤　各种饼扣是最常见的盘扣，种类繁多，富有变化。制作重点是盘结过程中手针的固定及各种排列。下面示范材料为重磅真丝，所用扣条宽度0.3cm。

① 一个饼扣制作步骤（做扣饼直径1cm，扣袢长1.5cm，扣身长1cm）

第一步：准备一条至少10cm的扣条，从扣条一端用镊子向内卷曲，要尽量紧密，卷成盘香状，大约三层（直径在0.8cm左右），用手缝线固定，注意手缝的方向是横穿饼心。

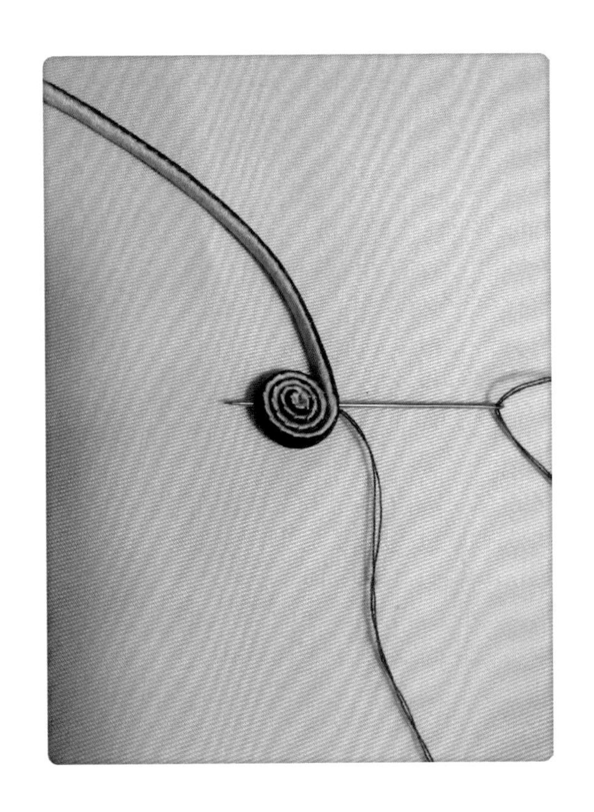

第二步：将扣条预留出扣袢和扣身的长度后从另一端绕一圈，取同色线固定，并将缝头固定在背面。

第三步：用手针在背面圆饼中心起针，以放射状缝合，这样一个饼扣就做好了。

② 梅花扣制作步骤（扣饼直径1cm，扣袢1.5cm，扣身0.5cm）

第一步：准备一条至少20cm的扣条，从扣条一端用镊子向内卷曲做成一个饼，将一个饼扣的长度对折预留出另一端扣条的长度，以同样的方法固定完成第二个饼扣。

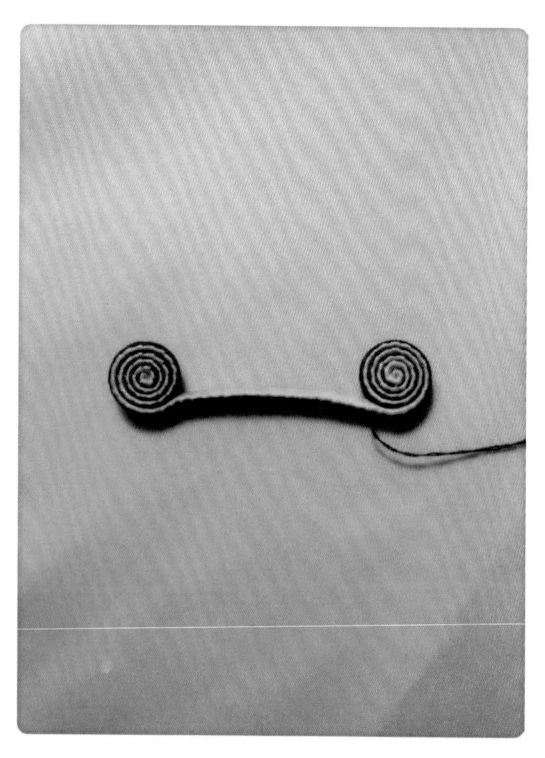

第二步：将两个饼并拢一起固定，两个饼中线点到扣袢的长度为2cm，从两个饼心起针，横穿饼中心固定。

第三步：另拿一条扣条做成一个饼扣后固定在两个饼另一侧的位置，固定后梅花扣就做好了。

用以上的方法还可以做葫芦扣、双耳扣、丰收扣、六福扣、葡萄扣等。

（6）盘花扣的制作方法及步骤　制作盘花是盘扣最主要的部分。用扣条卷曲成各种形状，用手缝针进行大体固定后，用大头针在旗袍面料上定位，最后用暗线手缝固定在旗袍边缘附近。下面示范材料为重磅真丝，所用扣条宽度0.3cm。

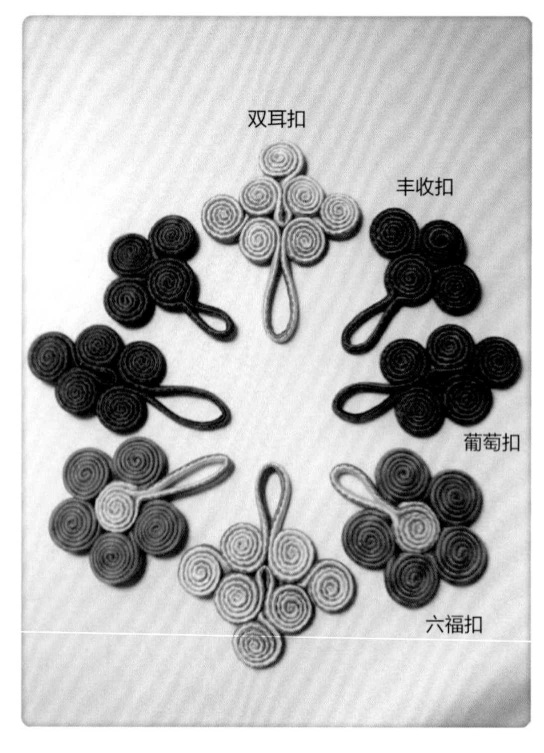

① 做花扣时，准备的扣条要稍微长一些，从扣条一端开始盘花。将扣条对折，手缝线从扣条正面穿过去固定。

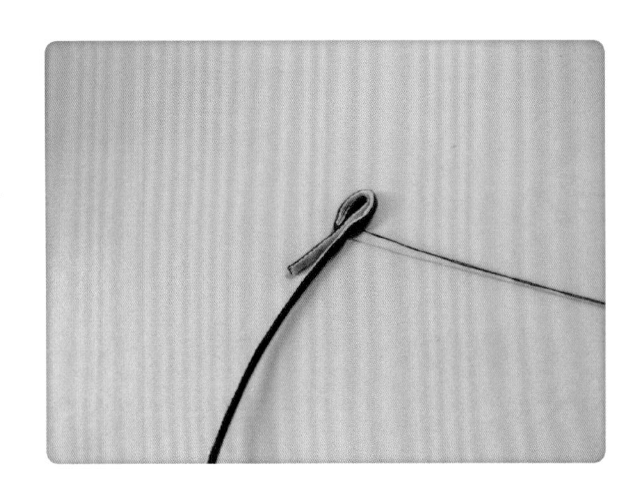

② 将对折端的头折回再固定在刚刚的位置就完成了第一个花瓣，然后继续对折扣条，做出扣袢的圆弧后固定。一般扣袢长度比花瓣长一些。

③ 继续对折扣条，将对折端的头折回来固定，完成第三个花瓣。如此反复完成接下来的花瓣。将扣条折到反面固定后，从花瓣中间伸出，继续完成另外的盘花部分。注意扣条对折时，不要用力压，保持扣条卷曲的弧度。

④ 再次从反面固定扣条从花瓣中伸出，将扣条留处10cm后剪断后完成扣饼的制作，这样花扣的扣结端就做好了。

⑤ 按以上同样的方法，完成扣袢端的花扣。

做盘花时，需要手绘的图片参照进行，这样不容易出错。盘花的花瓣大小要根据实际情况，按比例确定。

（7）各种玉石扣头的缝制方法

① 从反面起针，用细一些的丝线将珠扣固定。

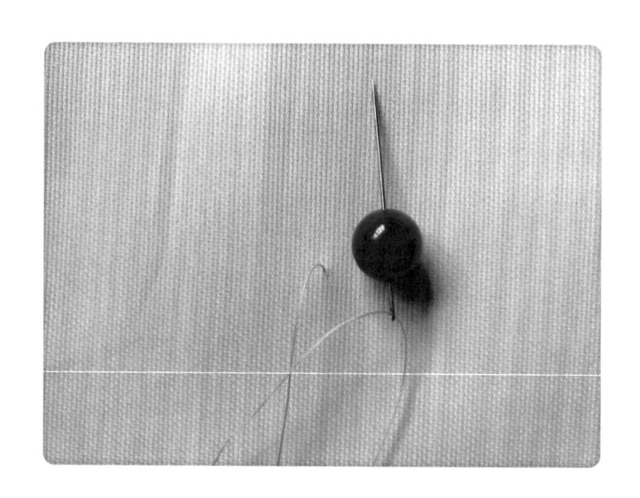

② 注意缝线松紧度，要有一定的余量，大约穿过5 ~ 6道线后，观察结实度和粗细度都比较合适的时候停止。

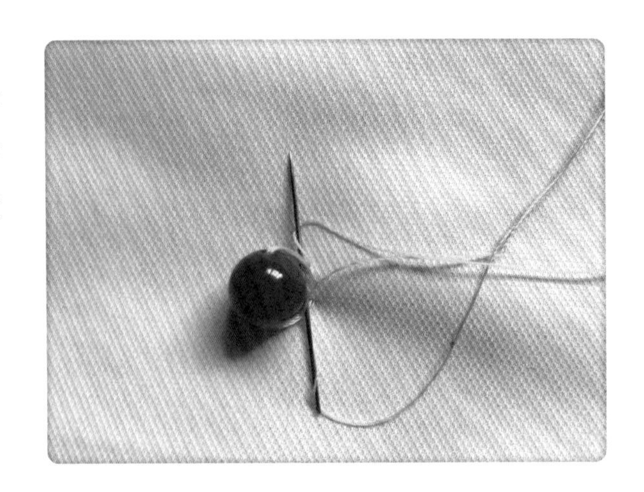

③ 贴着布面开始如图方法进行锁线。

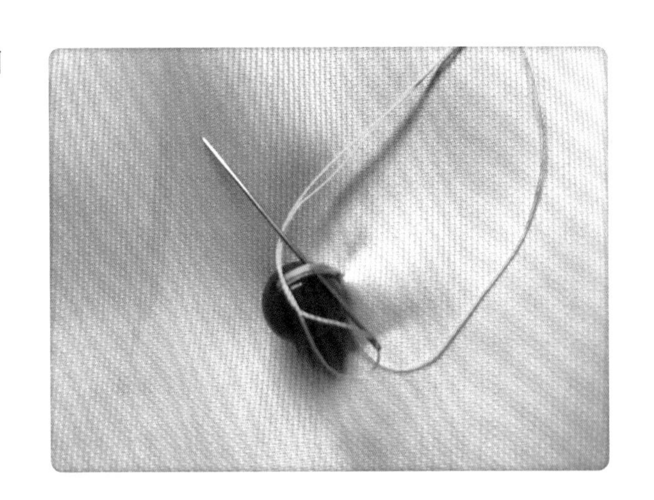

④ 一直按刚才的方法锁线，把珠子移动到另一端不能动的位置，将线沿扣眼穿到另一边。

⑤ 穿过来后，将珠子移到已经锁过线的另一端不能动的位置，继续按照图上方法锁线。

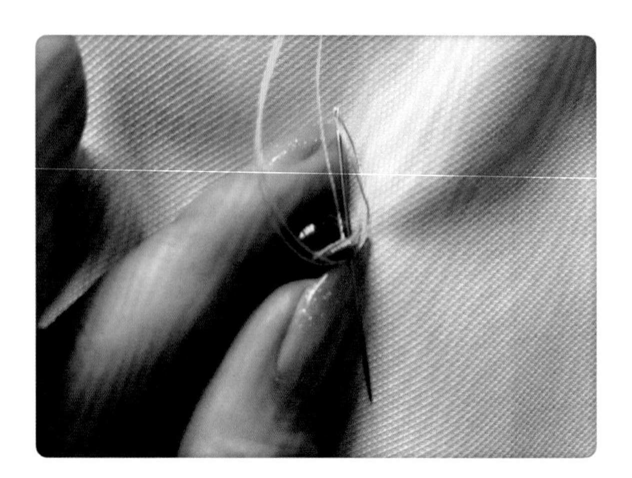

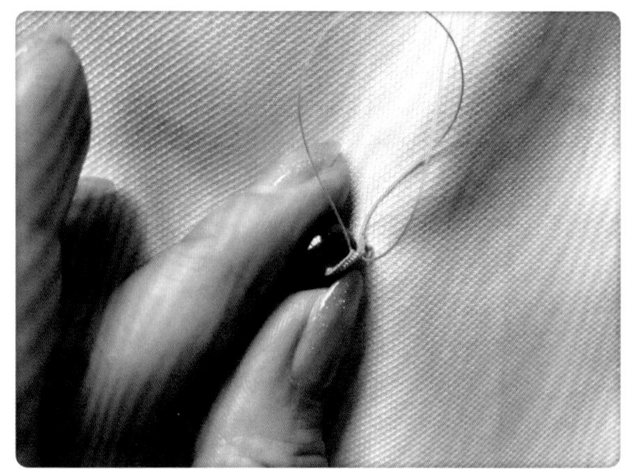

⑥ 一直回到布面的位置，将针穿到反面打结固定。这样一个漂亮的珠扣就被固定好了。

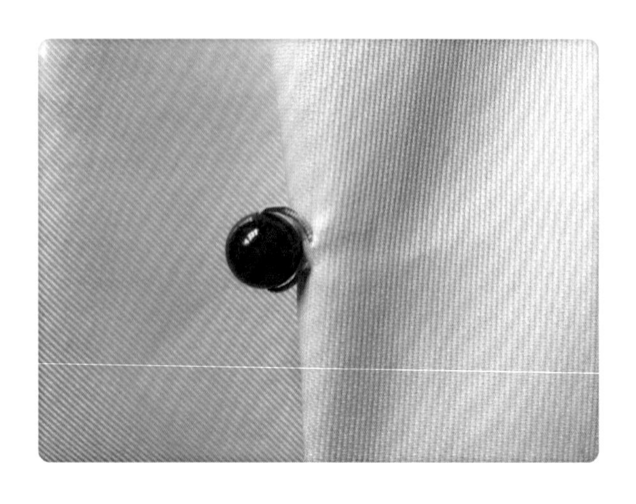

2. 盘扣制作技巧

（1）扣条尽量选择布料厚薄适宜、质地好、耐磨性好的。一般用19姆米厚度的重磅真丝。

（2）扣条的粗细和硬度要恰到好处。扣条要饱满，直径在0.25 ~ 0.3cm较好。偏宽的扣条往往会发扁，不饱满而且卷曲起来不流畅。

（3）扣条一定要粗细均匀，所以在做扣条时一定要用直尺作为辅助工具，保持扣条缝线平直。

（4）盘花型弧度是扣条自然流畅的卷曲弧度，固定在面料时利用大头针定点固定法，让扣条有自由活动的空间，保持盘花的灵动不死板。

（5）注意盘扣各个部分所用线的粗细和质地。固定扣花或钉扣花在衣襟要用结实的缝线，将扣身和扣头固定在衣襟上要用光泽度好的丝线。

五、旗袍的绲边工艺

旗袍的绲边工艺沿袭了传统中式服装的做法，采用旗袍本身的面料或真丝绸缎在旗袍的领口、袖口、下摆、四周的边缘处进行手工缝制，增加了旗袍的美观，又使面料的毛边不会外露。它综合了旗袍“镶”“滚”“嵌”“宕”等多种工艺方法。

镶　镶是为了让整件旗袍的花型图案更加亮丽。根据穿着人的个性，采用近似于旗袍本身颜色的真丝绸缎裁剪成条状，把它“镶”在旗袍各个接缝处，使得各个图案有层次感，不过分单一。镶边工艺在清代非常流行，无论是满族女子还是汉族女子，都喜欢在服装上镶一道道花边，有“三镶”“五镶”，甚至更多，所以出现了虚指的“十八镶”。19世纪末，各种机织花边成为新的旗袍装饰材料。旗袍的镶边工艺主要是将各种各样的花边用手缝暗针镶在旗袍边缘上。

滚　滚是对旗袍边缘的一种处理方法，以包裹旗袍的开衩、领口、袖口、开襟、低摆等部位。滚边工艺常与镶边工艺和嵌边工艺配合使用。滚边工艺很难把握，旗袍转弯处必须处理流畅。滚边的手工缝边（也叫做牵边）的针法也是多种多样，有套针、斜缠针、桂花针、琨针、打籽针、施针等多种针法。有的是藏针脚，有的是露针脚。

嵌　嵌是旗袍固有的特色。嵌边工艺能增强旗袍的立体感，嵌边工艺分为“外嵌”和“里嵌”。外嵌通常是单独使用或和镶边搭配使用。里嵌通常就是和滚边、镶边搭配使用。根据镶边的颜色，再结合旗袍本身的颜色和花型图案的颜色用特制的布料熨烫成1.5 ~ 2cm的条状布，用手工缝制在镶边和大身的面料边缘之中。

宕　宕是用反差性极强的真丝单色绸缎裁剪成流线型或者波浪型，缝在领口、袖口、开襟、低摆等位置，使得旗袍富有张力。宕条工艺主要是配合单滚边使用的工艺，强化滚边效果。宕条质地一般要与滚边一致，宕条到滚边外侧的距离等于宕条宽。一色多道边或多色多道边就是滚边工艺与宕边工艺的结合。

1. 绲边制作方法（所示范材料为重磅真丝缎）

（1）单色绲边的制作（以单色0.5cm宽滚边为例）

① 粘衬或刮浆　粘衬饱满有质感，适合薄的面料；刮浆平整轻薄，适合厚的面料。将无纺衬裁剪成和布料同样大小，使用熨斗扣烫在布料反面；或将浆糊用刮浆刀均匀涂抹在布料反面。

② 画线　使用划粉在布料上成45°角画线。

③ 裁布条　使[illegible]刀将布料裁成3cm宽的布条。

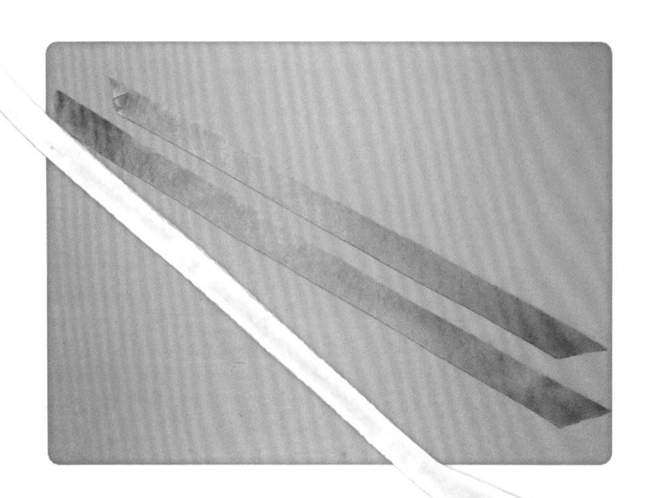

④ 拼接布条　裁剪完毕，将布条重叠在一起，用缝纫机沿丝道缉线。

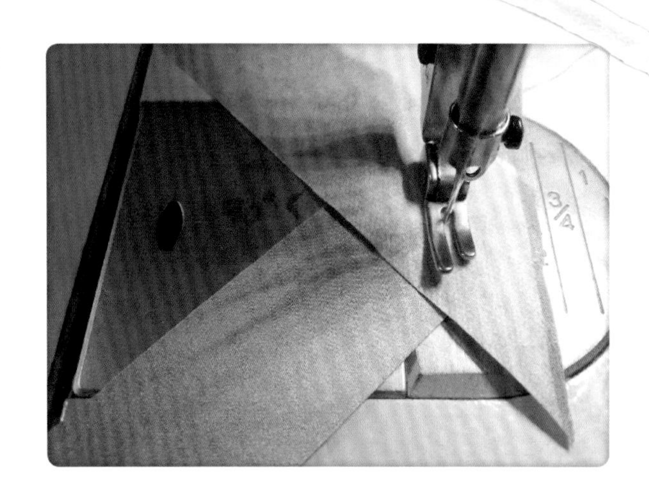

⑤ 折布条　将布条的一边往里对折并扣烫平整。

⑥ 裁边　折后较窄一侧布条留稍微少于0.5cm宽度，剪掉多余的布边。

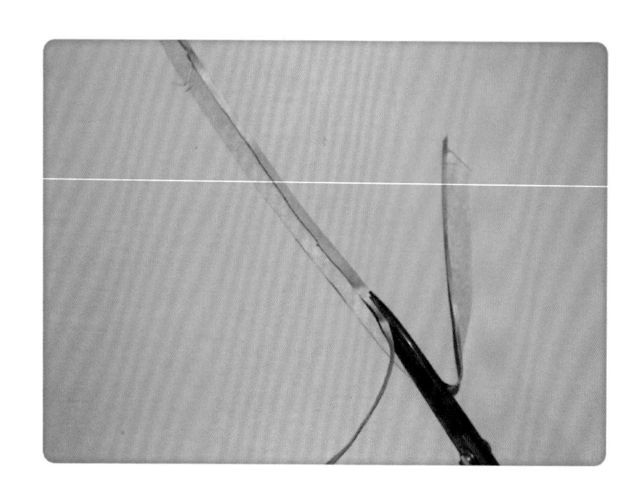

⑦ 两次内折后扣烫将布条另一侧0.5cm处向里折，扣烫平整后再在0.5cm处向里折，烫平后留缝份0.5cm，剪掉多余的布边，单色滚条就做好了。

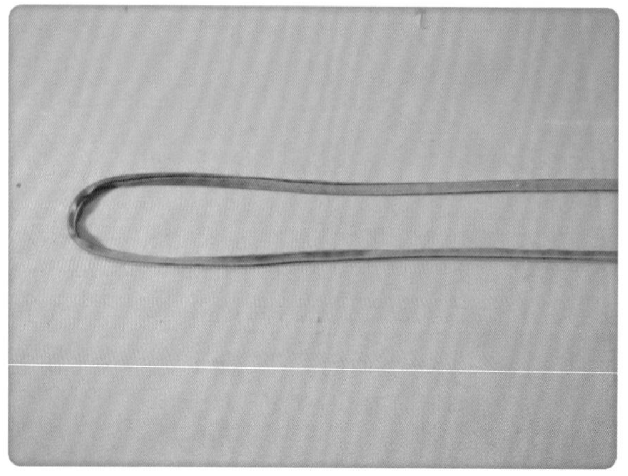

⑧ 将制作好的滚条在正中间与布料叠放在一起，在0.5cm的位置，使用缝纫机缉一道线，然后使用熨斗烫平。

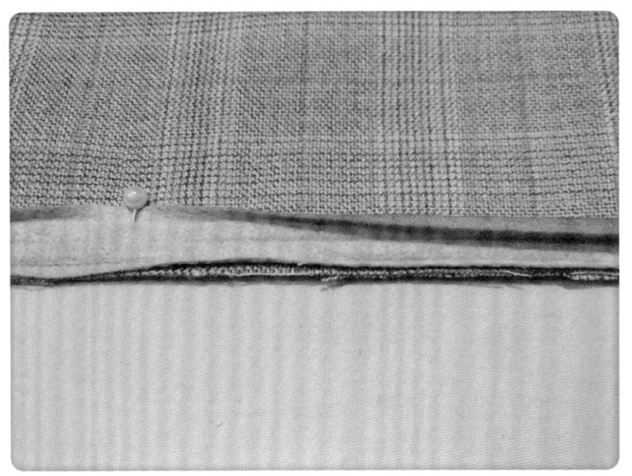

⑨ 将滚条翻转到布料的另一面，使用熨斗扣烫。

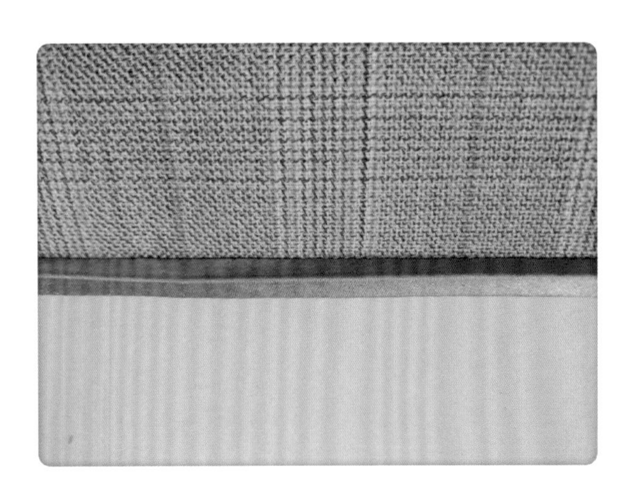

⑩ 反面用手针扦边并扣烫。

将滚条烫平，单色绲边就制作完成了。

（2）双色绲边的制作步骤（以宽度分别0.3cm、0.3cm双色宽滚边为例）

① 将两种颜色的布料，分别用无纺衬或刮浆处理。

②然后使用划粉，分别以45°角画线，使用剪刀按照画好的线将布料剪成宽2cm的布条。

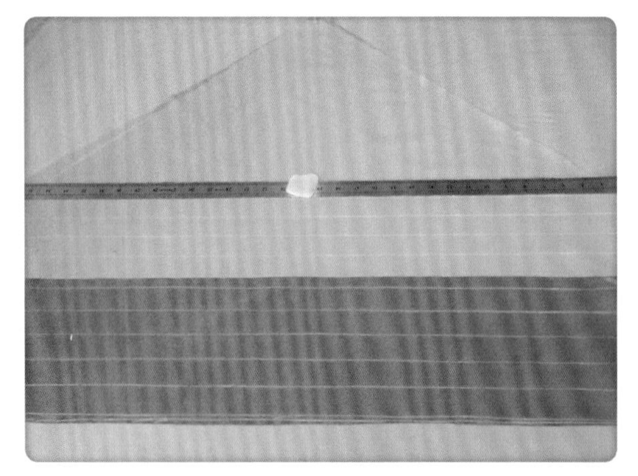

③分别拼接布料，将两个颜色的布条面对面放置对齐，沿布条正中间用缝纫机缉线固定。

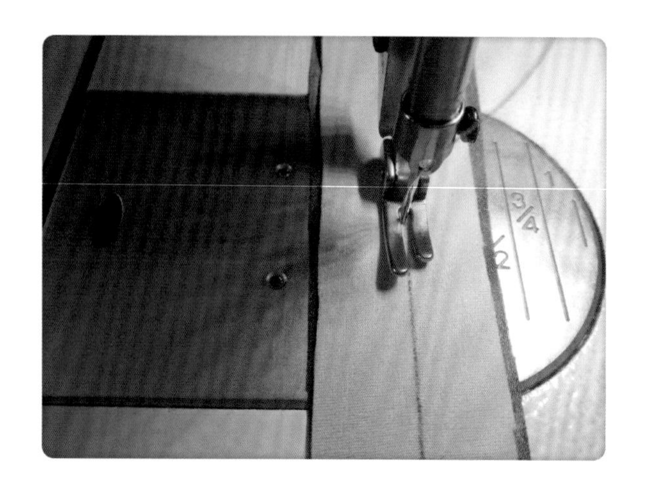

④ 将布条正面对折回来烫平。

⑤ 将一面的布条各留0.3cm，将多余的布条剪掉，并熨烫平整。

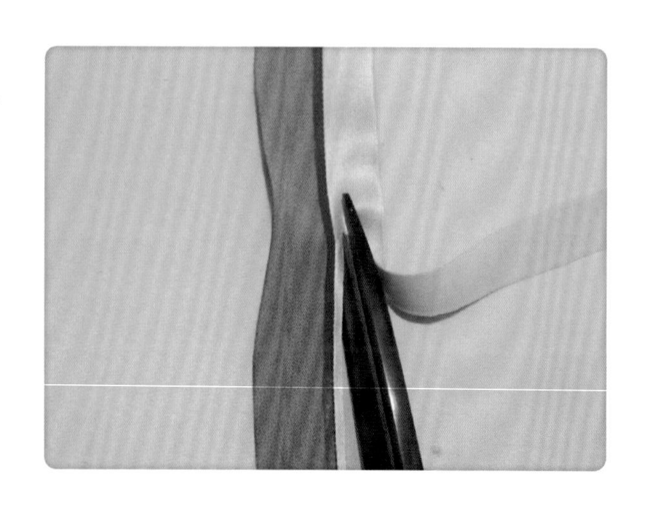

⑥ 将另一边布条离缝线0.3cm处往反面对折，刚好包住另一边的布条，扣烫平整后大约留0.5cm，并减掉多余的布条。

⑦ 同样将另一边的布条离缝线0.3cm处往反面对折，扣烫平整。

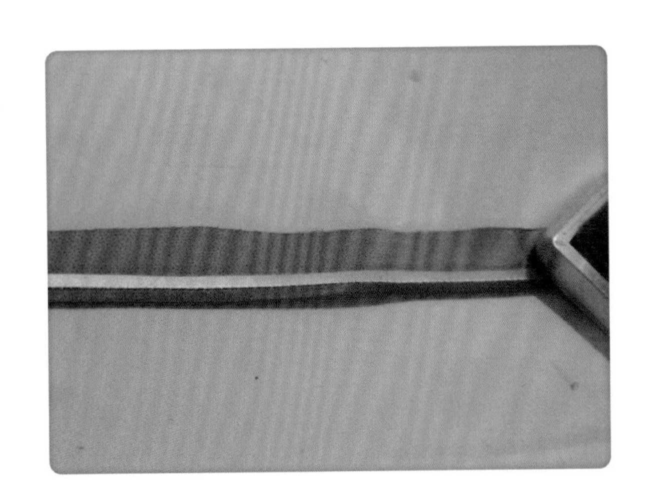

⑧ 再将多余的布条顺着另一边折叠并扣烫，留缝份0.5cm，双宽滚条完成。

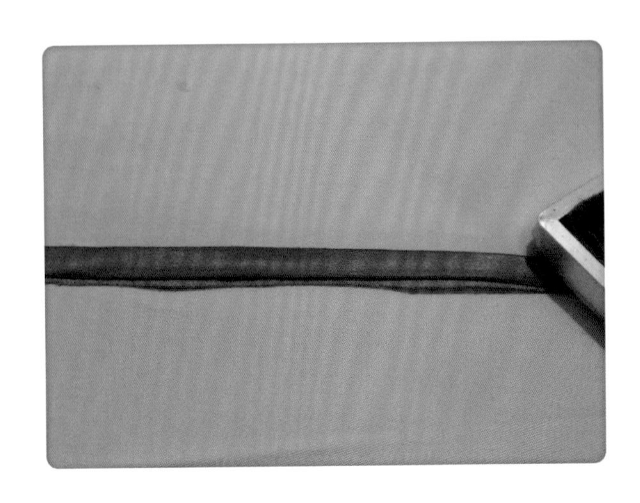

⑨ 将刚刚制作好的滚条和布料重叠在一起。从反面距离布边0.6cm的位置缉一道线固定边缘。

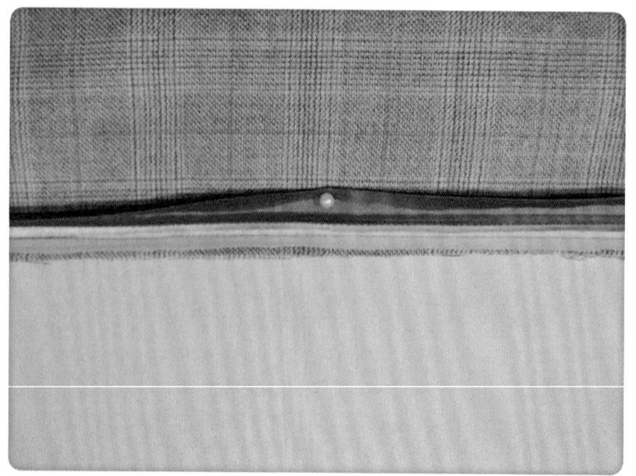

⑩ 裁掉多余的滚条边并将其翻转到布料的另一面，使用熨斗烫平。

反面用手工仟边，使用熨斗再次扣烫平整。至此，双色绲边制作完成。

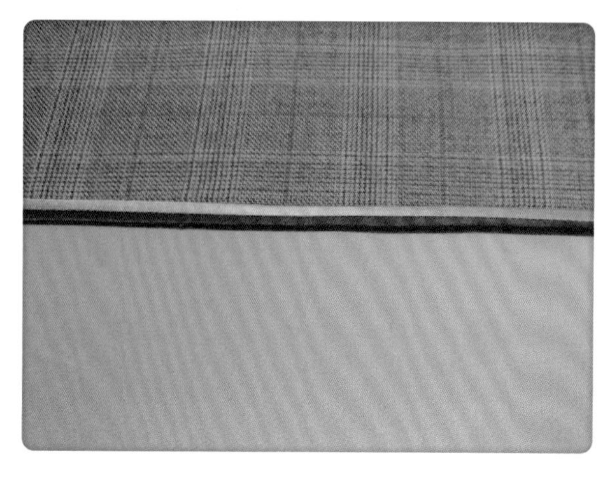

2. 绲边手针缝线方法

旗袍用到的手缝针法有很多种。不同的部位、正反面、包括布料厚薄不同所用到的针法也各不相同。下面介绍几种适合牵边手针的方法。（以下取手缝面为正面）

（1）**藏针缝** 藏针缝用来处理较薄布料的布边，不露线迹。藏针缝用来处理较厚布料的布边，在布边露出45° 角斜的针脚或垂直针脚。

① 正反面都不露痕迹的薄料藏针法。

第一步：从右边起针，线头藏于褶边内。（视面料厚薄采用单线或双线）

第二步：针紧贴边缘在底布上平行挑1 ~ 2根纱。

第三步：挑纱后，于距出针孔0.1cm处斜穿过折边内，针距上一针0.5cm。

第四步：重复第二、三步，一路缝到手针，将线结藏于折边内。完成后正面折边侧面才会看到些微点状的线段。

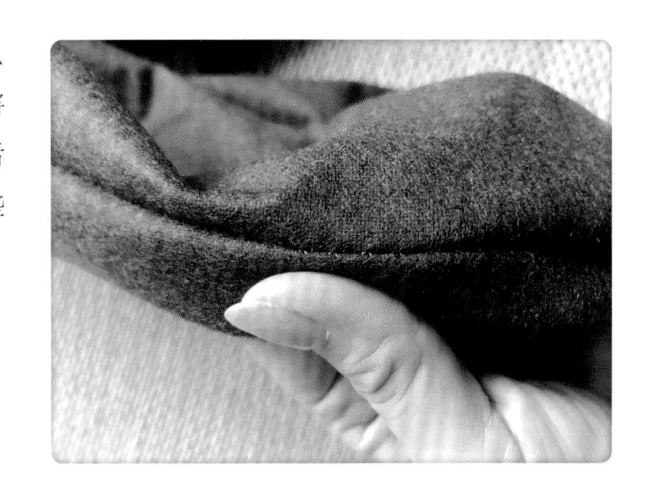

第五步：完成烫平后，正面平放看不到线迹。

第六步：完成后反面，几乎看不到线迹。

② 布边露出45° 角斜穿针法。针法同上，唯一的不同点是第三步在挑纱后，于距出针孔0.1cm处斜穿过折边后，针孔由折边上距边缘0.1cm穿出，针距上一针0.25cm。

藏针法绲边完成正面，反面无线迹。

（2）千鸟缝　千鸟缝用来处理较薄布料的布边，另一面露出线迹；用来处理较厚布料的布边，另一面则不露线迹。

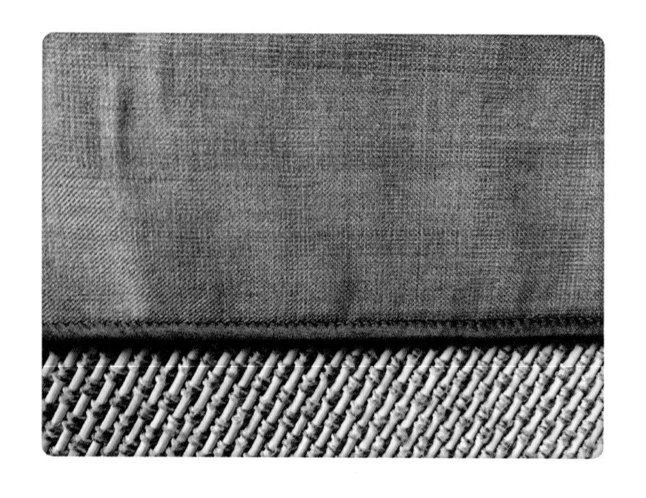

① 千鸟缝从左边起针。起针时线头藏在折缝里面，取针距0.5cm为宜。紧挨折边横向用针在底布上挑缝3 ~ 4根纱。

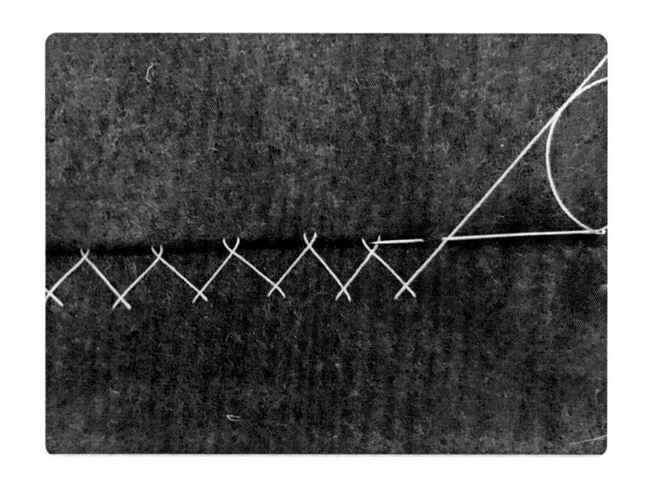

② 移到距离折边0.4cm位置用手针横向挑缝5 ~ 6根纱。

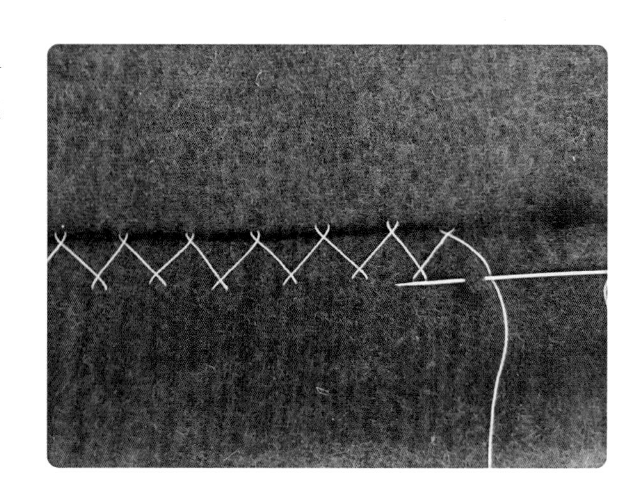

③ 如此反复挑缝，直到完成打结。

（3）人字缝　人字缝用来处理较薄布料的布边，另一面会露出线迹；用来处理较厚布料的布边，另一面不露线迹。

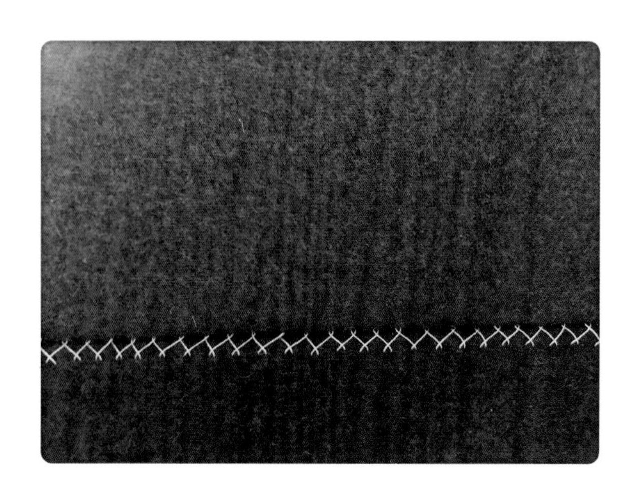

① 人字缝从右边起针，起针将线头藏在折缝里面就可以开始缝线。用针在与折边垂直，距离边缘0.4cm高的位置竖向穿入，从距穿入点垂直0.2cm处穿出。

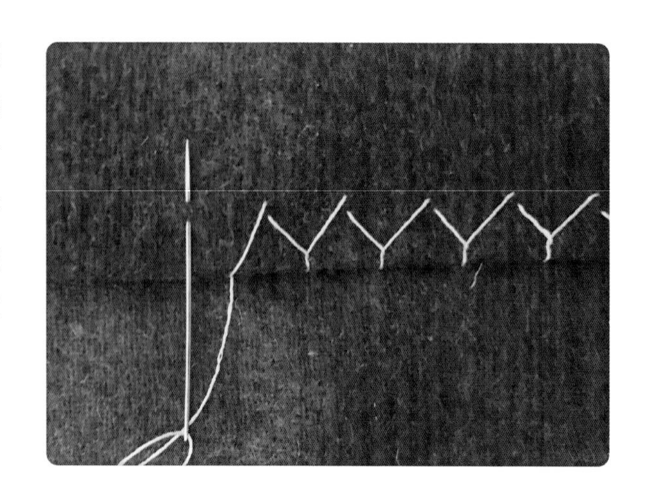

② 移到紧挨边缘距离上一针0.5cm位置用手针竖向穿入，并从折边距边缘0.15cm处穿出。

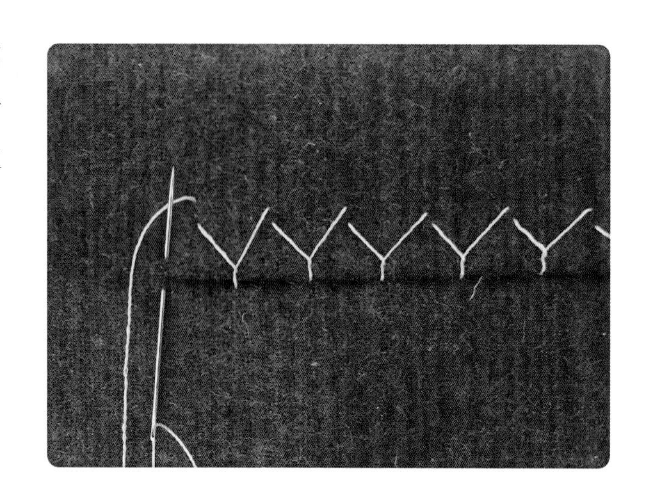

③ 如此反复挑缝，直到完成打结。

（4）**蜂巢缝** 蜂巢缝较人字缝牢固，可以用来处理较厚布料的布边，另一面不露线迹。

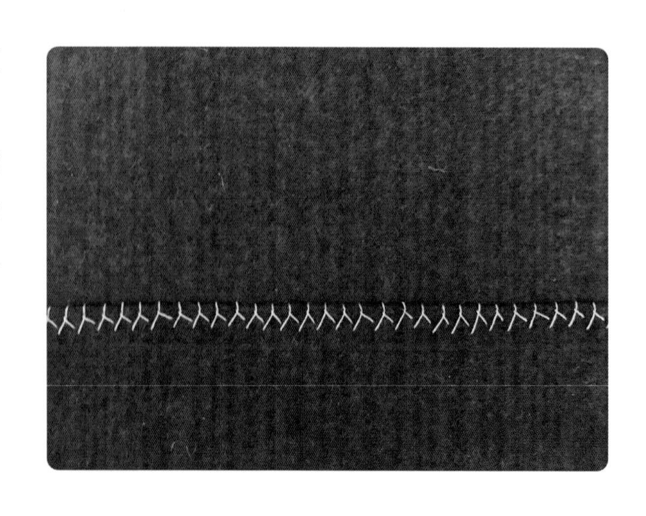

① 蜂巢缝从右边起针，起针将线头藏在折缝里面就可以开始缝线。紧挨边缘位置用手针竖向穿入，并从距边缘0.2cm处折边上穿出，将线压在针头下面。

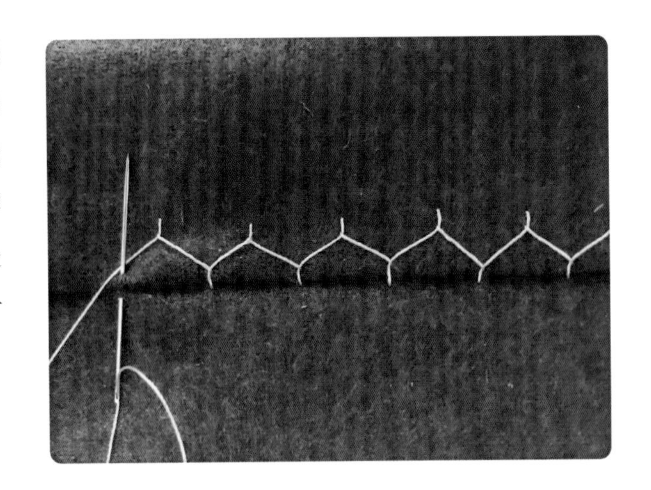

② 移到距离边缘垂直距离0.3cm、距离上一针0.4cm位置用手针竖向穿入，并从距穿入点0.2cm处穿出，将线压在针头下面。

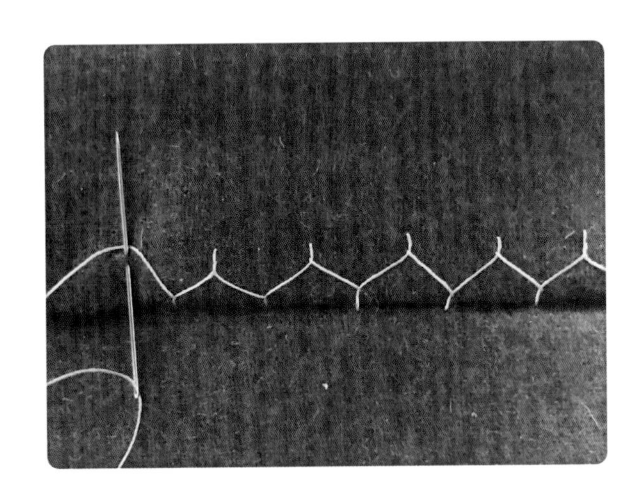

③ 如此反复挑缝，直到完成打结。

以上四种针法，扦边时要求反面不露线迹。

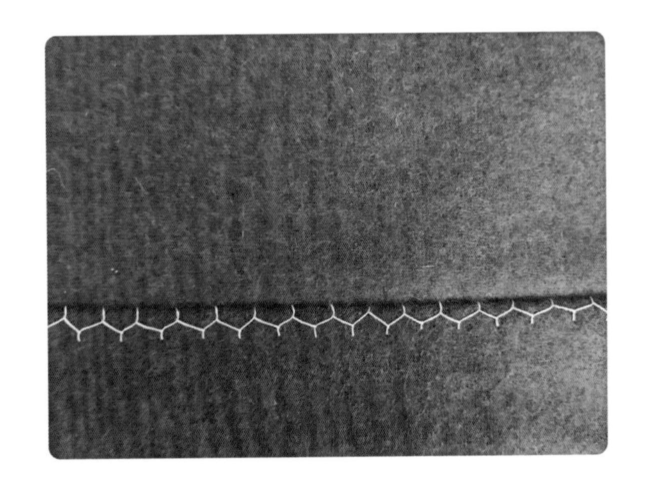

3. 绲边制作技巧

（1）刮浆　做滚边条，首先要对滚边布缩水，然后刮浆。现在各种粘合衬的使用，虽然降低了工艺难度，但是后期的穿着和效果会受到影响。

（2）斜裁　45°角斜裁。因为布条的拉扯力，纬丝有弹力，一拉容易变形，而经丝没有弹力，不利于包边缘线的塑造（否则太僵硬）。45°是两者的结合，最好的滚边条角度，最好的拉伸力。

（3）宽度　裁剪多宽，要根据需要的滚边成型效果来定。如果是成型滚边宽度为0.5cm，那么布边条应该在2.2 ~ 2.5cm，另外，还要看布料的厚度和弹力。

六、旗袍的缝制工艺

旗袍的手工缝制工艺是旗袍工艺的核心，也是最难把握的。一道道工序，每一步都有特定的方法和技巧，都不能马虎。旗袍的领、袖、襟等每一个部位都要经过十几道特殊工艺才能完成。旗袍的缝制工艺延续了中式服装的传统工艺，又吸收了现代缝纫机的技术优势，使得旗袍缝制工艺在传承与创新中不断发展，在长期的工艺实践中，总结出了各种方法与技巧。

1. 缝制工艺流程

检查裁片→缉省→烫省→归拔前后衣片→粘边衬、带嵌条→做前片小襟→上大身绲边条→合肩袖缝→做侧缝“宝剑头”→合侧缝及内袖缝→上袖口及领窝绲边条→做领子、上领子→做大身里布和拼接袖口贴边、底摆贴边→固定里子和衣片→上领口往下前片小襟部分的绲边→上扣袢→手针牵边完成绲边→整烫→做盘扣、钉盘扣→熨烫。

2. 缝制方法及技巧

（1）检查裁片　在缝制前对面、里的裁片逐一检查质量和数量，并依次放整齐。做缝制标记。可根据面料状况及部位，选用做标记的方法：线钉、粉印、眼刀、针眼。

（2）缉省　省尖对折由一端缉到另一端，要缉直、缉尖。在省尖，线头打结到位。分别缉前胸省、前腰省、后腰省。缉省按缝制标记缉省，尽量与人体体型相吻合。

（3）烫省　用熨斗分别把前胸省、前腰省、后腰省扣烫平整。烫省高档面料精加工省缝不烫倒，要从中间分烫，省尖不歪斜。中低档面料省缝倒向中缝线。倒烫时应针对不同的面料特性，选择适当的温度。

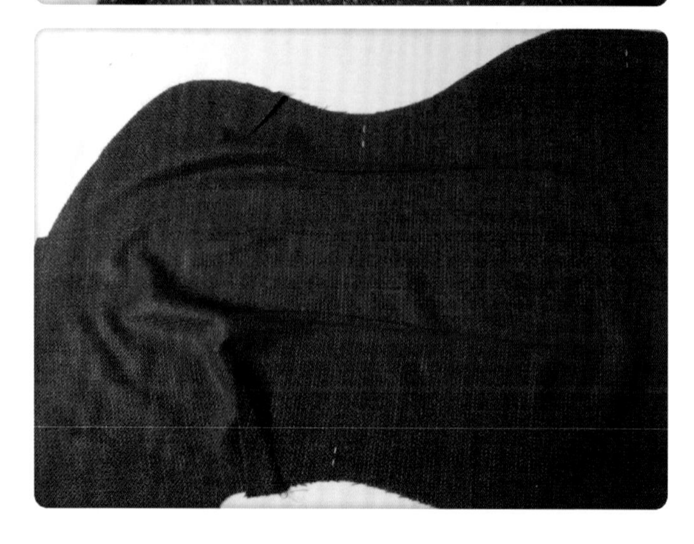

（4）归拔前后衣片　归：熨烫前用喷壶湿润面料，一只手握住熨斗，另一只手把衣片需要归拢的位置向内侧缓慢推进，使衣片归拢部位形成隆起的形状即可。拔：熨烫之前用喷壶湿润面料，一只手握住熨斗，另一只手把衣片需要拔开的位置向外侧拉开，使衣片拔烫部位的边长增长。

“归拔”在旗袍制作过程中起着重要的作用。由于旗袍结构线的特点，仅靠摆缝及收省难以达到合体目的，应通过归拔工艺进一步造型，使衣片尽量与体型特征相吻合。运用“归拔”工艺来处理旗袍的细节，使平面剪裁的旗袍拥有立体剪裁的效果，曲线美得以体现。

① 归拔前衣片

第一步：归拔胸部及腹部。在乳峰点位置斜向拉拔，拔开胸部，使胸部隆起。如果腹部略有隆起，也可斜向拉拔。在以上部位拉拔的同时归拢前腰部，使前片中线呈曲线形。

第二步：归拔摆缝。摆缝腰节拔开，归到腰节处，摆缝臀部归拢，使前身腰部均匀地吸进，臀部均匀隆起。

第三步：归拔腋下部位。归拢前肩袖部余量，使肩袖自然朝前弯曲，符合人体特征。

② 归拔后衣片

第一步：归拔背部及臀部。在背部位置斜向拉拔，拔开背部，使背部隆起。臀部位置斜向拉拔，拔开臀部，使臀部隆起。在以上部位拉拔的同时归拢后腰部，使后片中线也呈曲线形。

第二步：归拔摆缝。摆缝腰节拔开，归到腰节处，摆缝臀部归拢，使后身腰部均匀地吸进，臀部均匀隆起。

第三步：归拔袖肘部位。归拢后满足凸出的肘部位的需要。

针对面料特性选择温度，以及干烫或湿烫。胸部烫出凸势，腰节位拔开，使省缝平服不起吊。归拔工艺要求操作位置准确，符合人体曲线的变化，左右衣片的归拔位置要相互对应。与归拔工艺有联系的部位有胸部、肩部、膝部、颈部、肘部、腰部和臀部等。

归

拔

归拔前后对比

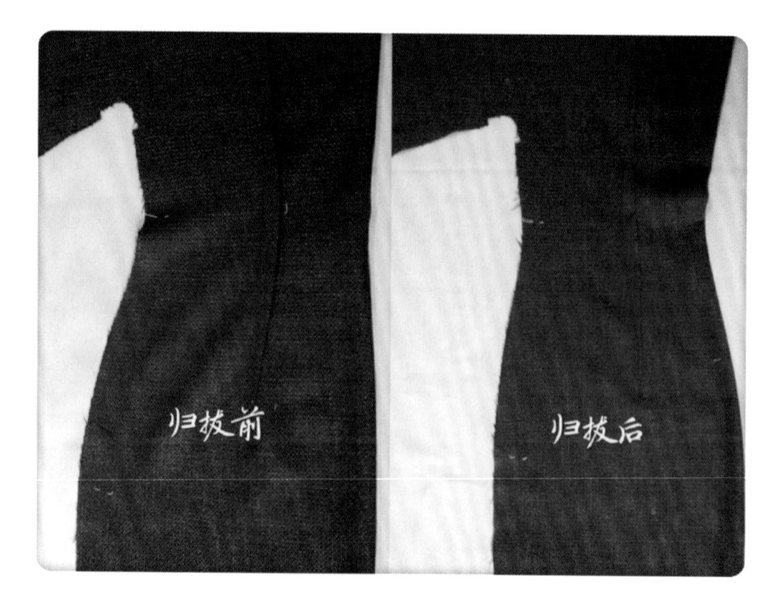

（5）粘衬、带嵌条　分别在整个前片大襟、后片、前片小襟边缘扣烫2cm左右斜丝无纺衬。同时在一些特殊位置扣烫薄型有纺直丝粘合衬，宽1.2cm左右。

① 前片大襟粘边缘衬并带嵌条。

第一步：沿前片大襟边缘扣烫粘合衬。

第二步：在前片大襟的襟边，开襟曲线上口贴嵌条固定。嵌条在前片大襟摆缝边从袖口经过腋下沿摆缝粘到开衩以下1.2cm处。其中腋下的位置需要剪出小口，胸部及臀部嵌条略紧。

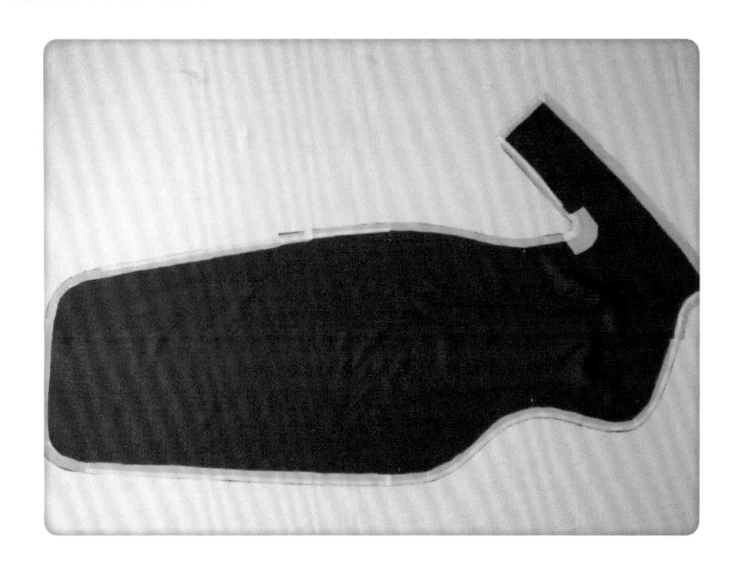

② 后片粘边缘衬并带嵌条。沿后片边缘扣烫粘合衬后，后片带嵌条的位置在两侧摆缝从袖口沿腋下粘到开衩以下1.2cm处和领窝处。其中腋下的位置需要拿剪刀剪出小口，臀部和领窝嵌条应略紧。

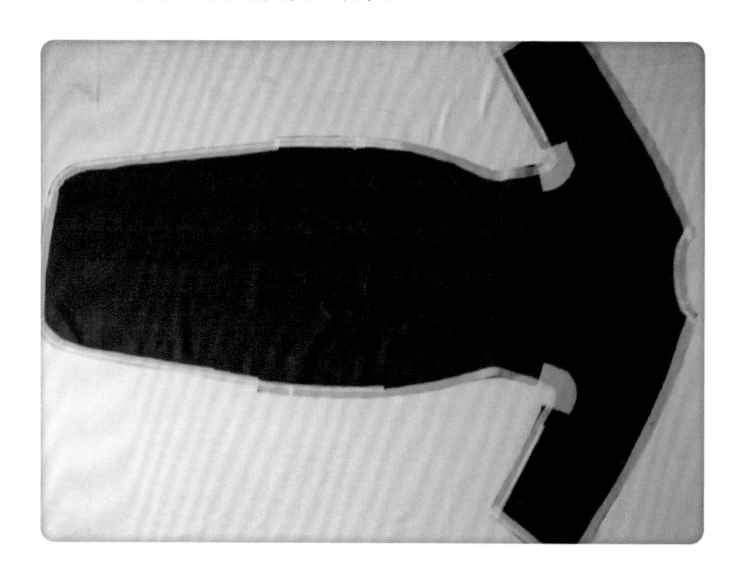

③ 前片小襟粘边缘衬并带嵌条。沿前片小襟边缘扣烫粘合衬后，后片带嵌条的位置在摆缝从袖口沿腋下粘到开衩以下1.2cm处。其中腋下的位置需要拿剪刀剪出小口，胸部及臀部嵌条应略紧。

旗袍贴身穿着，合缝位置需要承担较大的压力，边缘粘衬是为了避免面料缉线缝合处挣缝。粘衬时一定要扣烫均匀，贴合服帖。由于旗袍曲线变化大，为确保侧缝曲线的稳定性，需要在侧缝开口位置沿缝头带嵌条。粘贴时净缝居中，贴扦带的松紧要符合归拔要求。

（6）做前片小襟

第一步：缉省、烫省，方法与前片大襟同。

第二步：将前片小襟面料与里料面对面，距边缘1cm缉一道线。

第三步：将缉好的小片翻面朝上顺着缝线铺开，在内衬上距边缘0.1cm处再缉一道线。

第四步：扣烫小襟

扣烫

扣烫后

（7）上大身绲边条　按照第本章第五节介绍的方法做绲边条，并绲在大身的边缘上。绲边：双色滚嵌边（滚边宽0.3cm，嵌边宽0.1cm）。

① 前片大襟。上绲边条的位置：沿前片大襟边缘从领下位置开始沿曲线襟直到底摆转到另一侧臀围线上2cm位置。

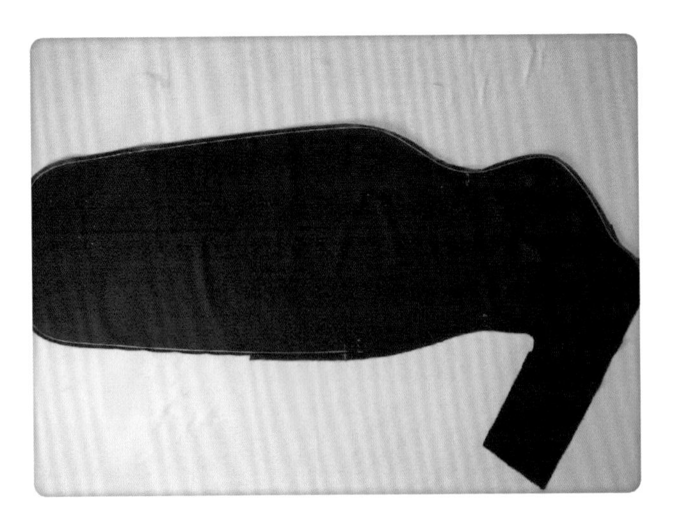

② 后片。上绲边条的位置：沿后片边缘从臀围线上2cm位置往下摆转到另一侧臀围线上2cm位置。

绲边条尽量要用一整条无拼接的，避不开的情况下把有拼接的位置放在不显眼的位置或底摆的正中间位置。前后片臀围线包边条对齐。缉线时要沿绲边条反面的线迹，不发生偏移。在有弧度的地方上包边条的松紧不一样。把绲边条拉到臀线位置，是为了在视觉上提高开衩位置，拉长腿部线条。

（8）合肩及外袖缝

第一步：将前、后衣片正面相对，前片放上层，肩缝对齐，缉线距边缘0.8～1cm。在小肩中间处吃后片小肩，即在合缝时，在小肩中间位置前片紧、后片松。

第二步：熨烫肩缝。

（9）做侧缝“宝剑头” 将臀围线位置的包边条做成从包边内侧向边缘斜上方45° 角的形状，然后合成“宝剑头”形状。

第一步：在前片大襟另外一边摆侧臀围线的位置把包边条面对面对折回来后，在反面沿折边内侧点往外斜向下22.5° 角方向缉一道线，翻回正面烫平后包边条从内侧点向边缘斜上方成45° 角，顺着边缘剪掉多余的部分完成“宝剑头”的一半。

第二步：在后片两侧臀围线位置按照第一步的方法完成“宝剑头”的一半。

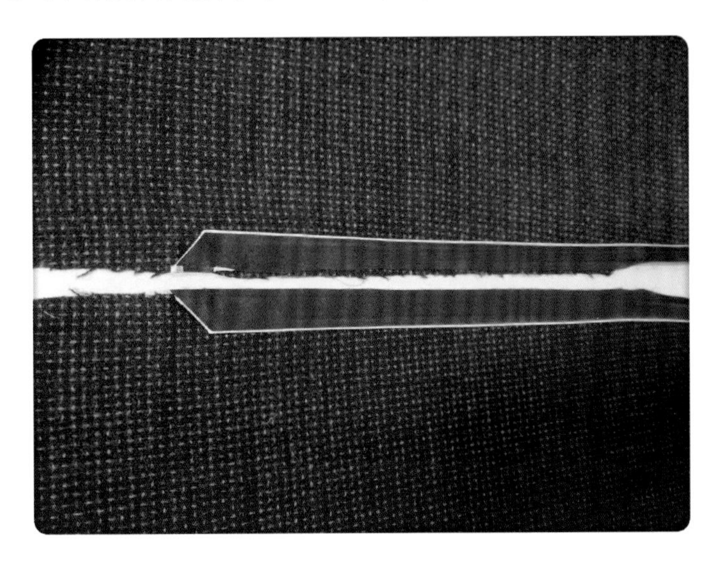

第三步：从臀围线位置到开衩位置面对面缉一道线，缝合前后衣片侧摆，“宝剑头”完成。

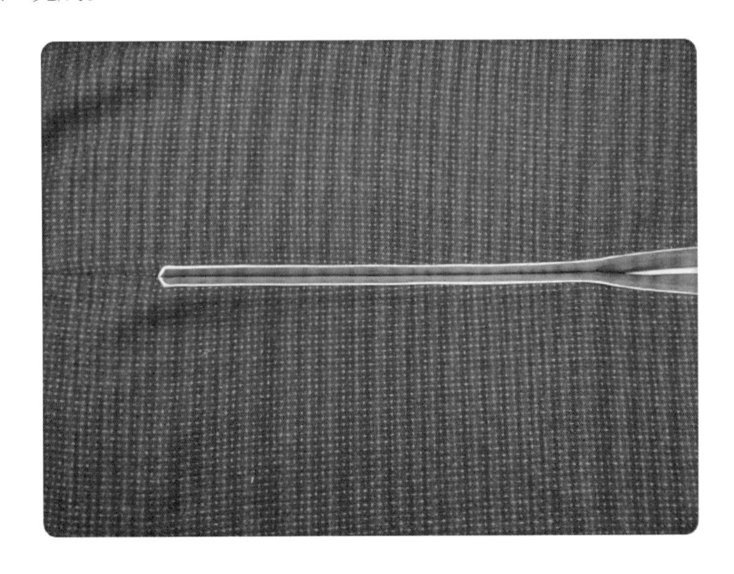

做“宝剑头”最难的部分是把握角度，要做到完全对称，需要讲究一些方法。没有缉线前，先进行45° 角的熨烫，可以更容易找到从内侧点和外侧点折点之间的余量。

（10）合侧缝及内袖缝　合缝时，可先用手针进行定点固定，再用缝纫机缉线，这样能保证缝合位置准确。

第一步：将前后衣片侧缝、袖缝拼接缉缝。腋下缝线需要加固。

第二步：劈烫侧缝。

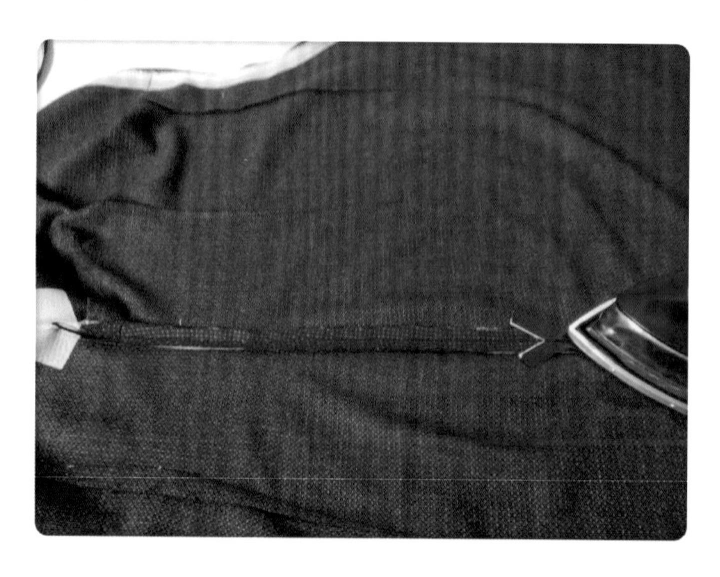

第三步：劈烫袖缝。

第四步：翻到正面，再进行熨烫。

（11）上袖口及领窝绲边条

第一步：上袖口绲边条。

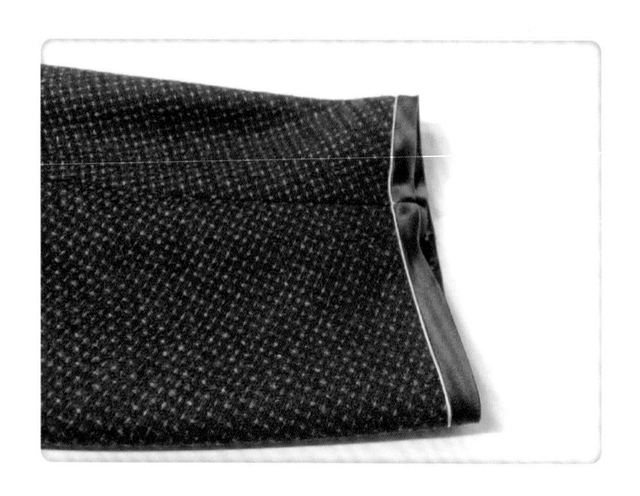

第二步：上领窝绲边条。

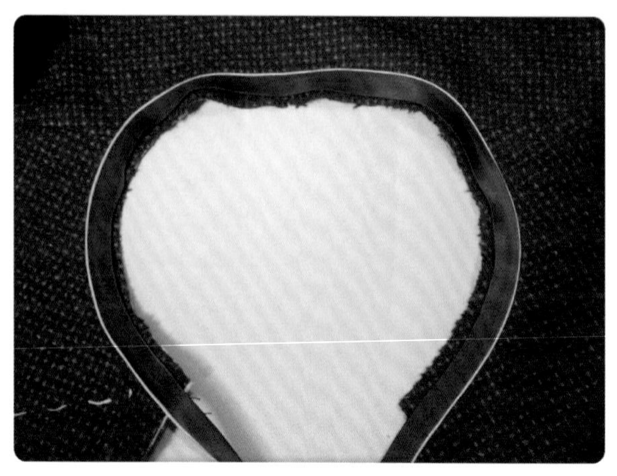

（12）做领子、上领子

① 做领子

第一步：将净领衬烫在领面的反面。领面粘硬衬，领里粘有纺衬。

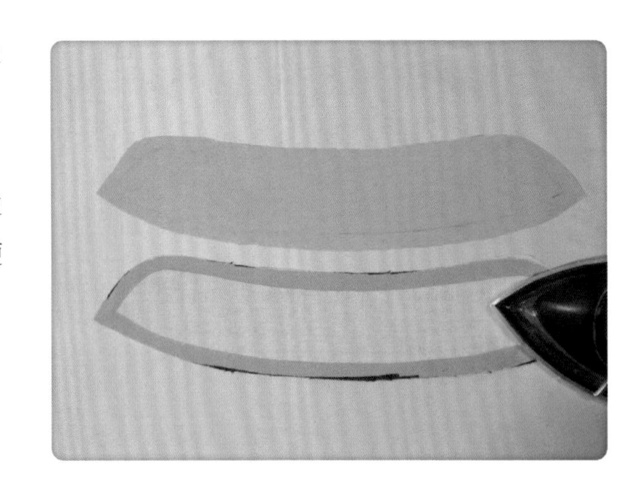

第二步：扣烫领里下口。

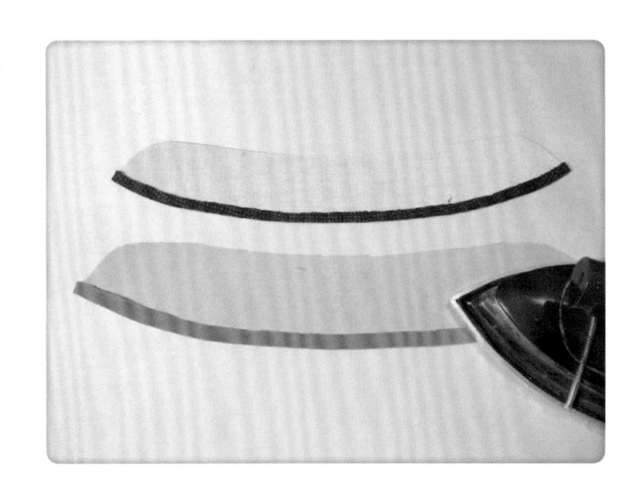

第三步：将绲边条缉在领面上口，包转、缲牢，并做好装领对位标记。注意领子正面右侧需要留出长10cm以上的绲边条。

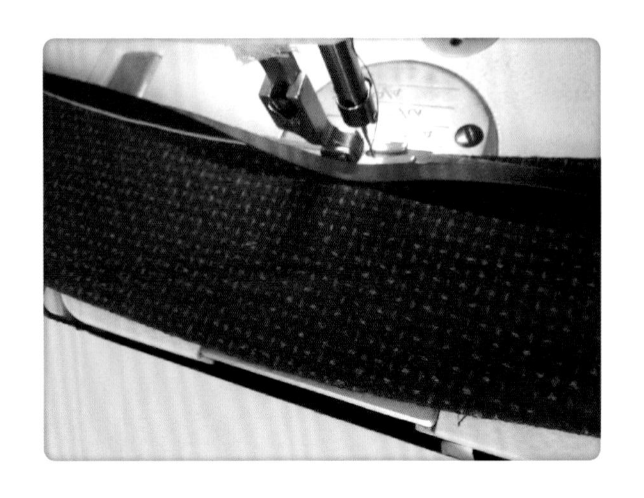

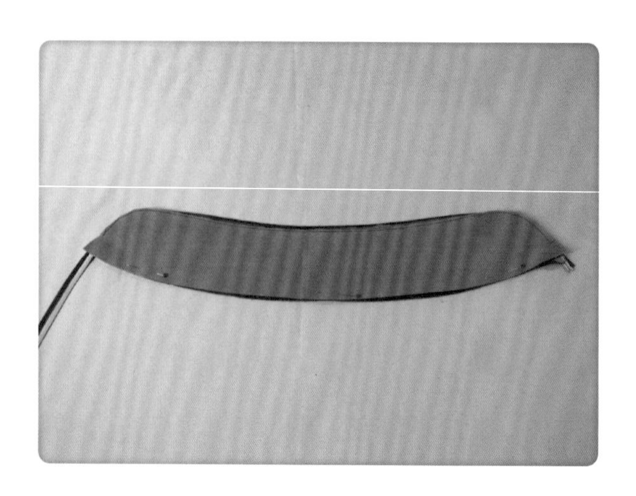

第四步：翻转绲边条，扣烫领子。

② 上领子

第一步：领面与领口正面相对，领面在上，从左襟开始起针沿领衬下缉线。注意领子两端要上足，各对位点准确，线条顺直，左右对称。

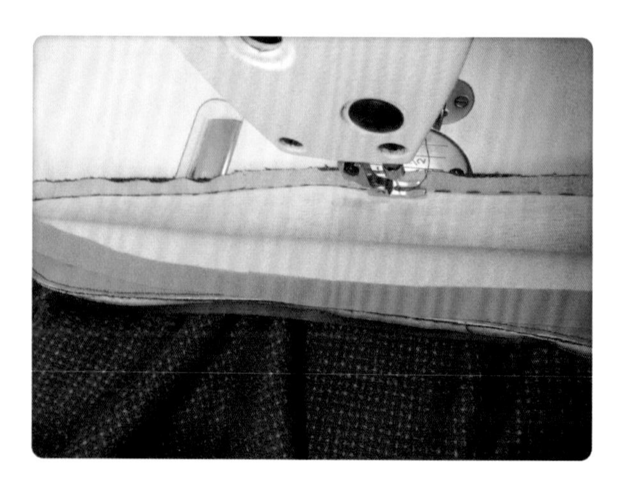

第二步：倒烫领面。检查领面装好后领圈是否圆顺、平服，若不圆顺应及时修正。

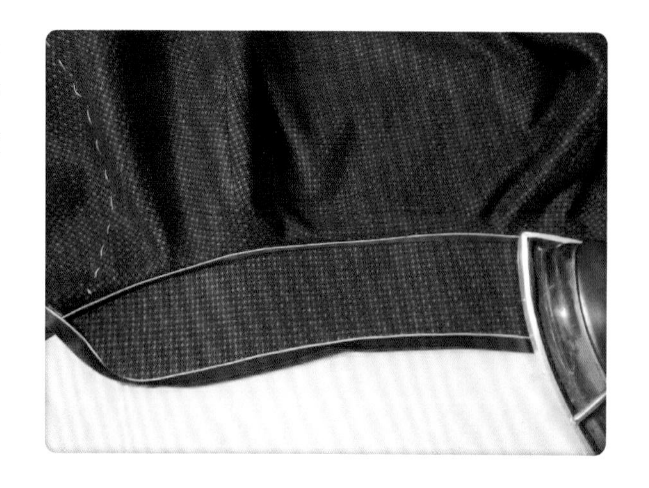

（13）做大身里布和拼接袖口贴边、底摆贴边

① 按照做面料同样的制作步骤（缉省、烫省、归拔等）做里布的前片大襟和后片，然后分别拼接底摆贴边。

第一步：做好里布前片大襟和后片。

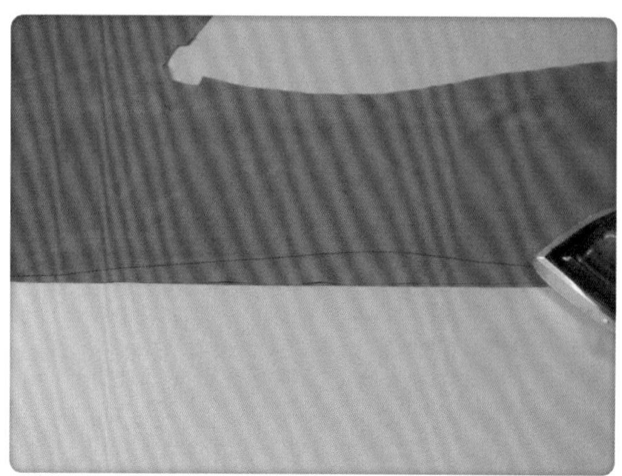

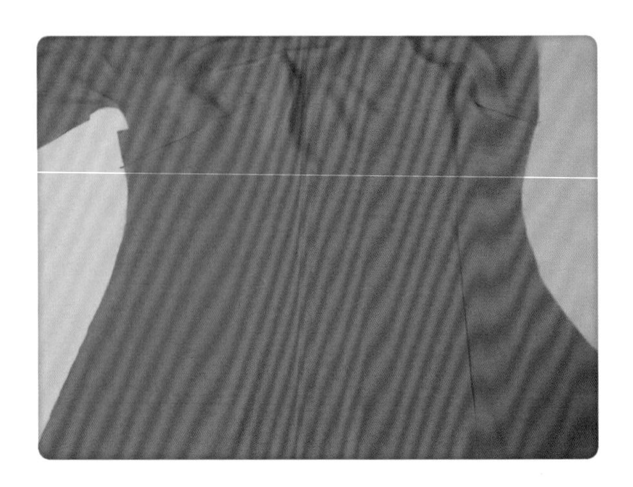

第二步：拼接底摆贴边，并扣烫。

② 做袖口贴边

第一步：将袖口贴边对折，沿标记线缉缝。

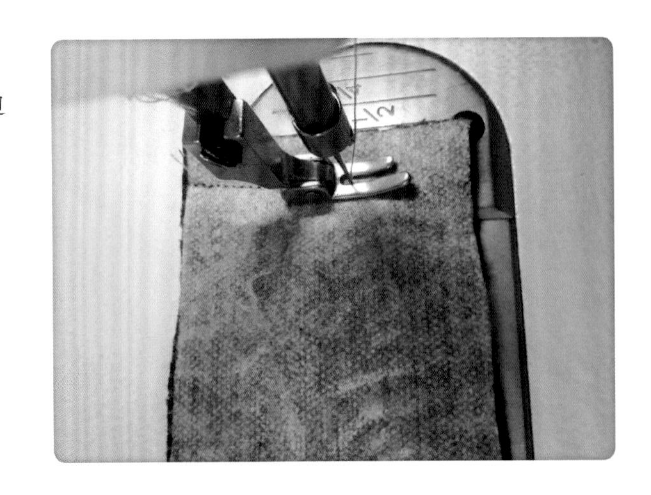

第二步：劈烫袖贴边。

第三步：将袖口贴边翻到正面。

③ 合里布侧缝及袖缝

第一步：利用“来去缝”合里布大身。将里布里对里重叠在一起，在正面沿侧缝及袖缝缉线，留缝份0.4cm。

第二步：将衣片沿缝线翻到面对面，沿反面再缉一道线，距边缘0.6cm，尽量将反面的缝头包在折缝里。

第三步：扣烫袖缝和侧缝。扣烫时沿缝线留0.1cm余量，形成褶皱边，盖住缝线。

④ 拼接里布和贴边

第一步：缝合袖口贴边和里布。

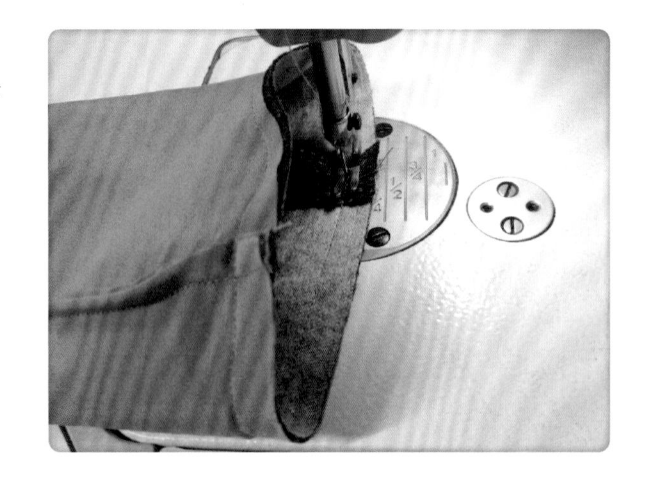

第二步：扣烫袖口贴边。

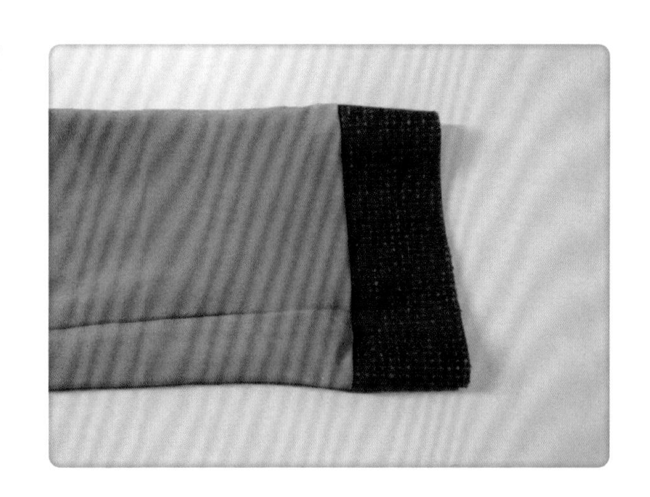

（14）固定里子与衣片。固定里子与衣片包括固定大襟及底摆、领底，固定前片大襟左侧摆和肩袖里子与衣片，固定袖口。

① 固定大襟及底摆

第一步：将里子与衣片的大襟里里相对，用棉线将边缘用手针固定。

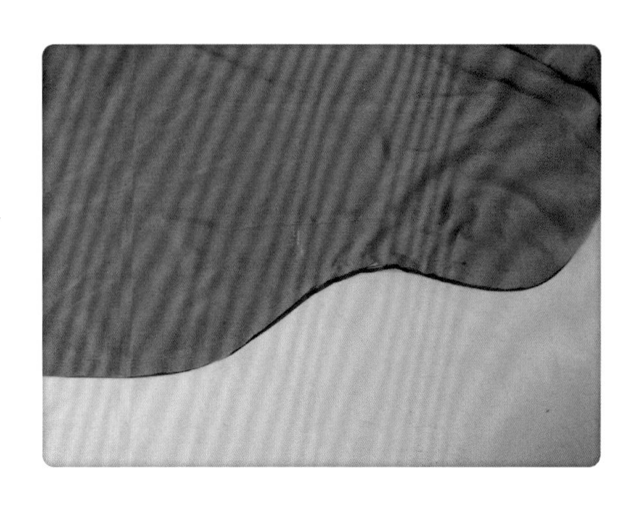

第二步：从侧摆开衩位置沿着底摆转到大襟直至领口，顺着绲边的线迹将里子和衣片缉线，留2cm的缝头。

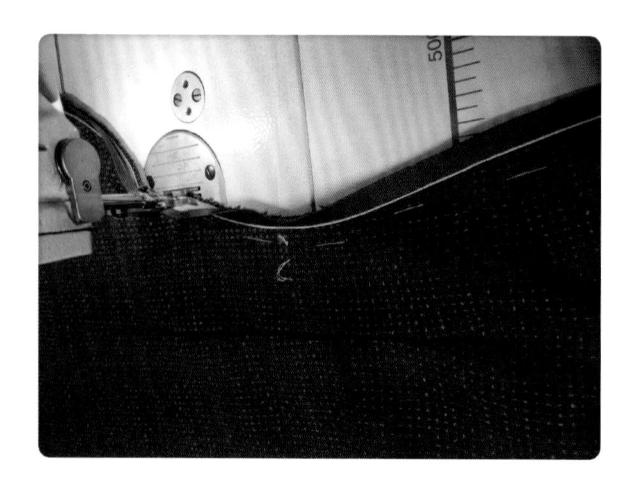

第三步：缝合里子与衣片的袖口。

第四步：用手针“千鸟缝”，反面不露线迹，将贴边部位的缝头在反面固定在面料一侧。位置在底摆和袖口位置。

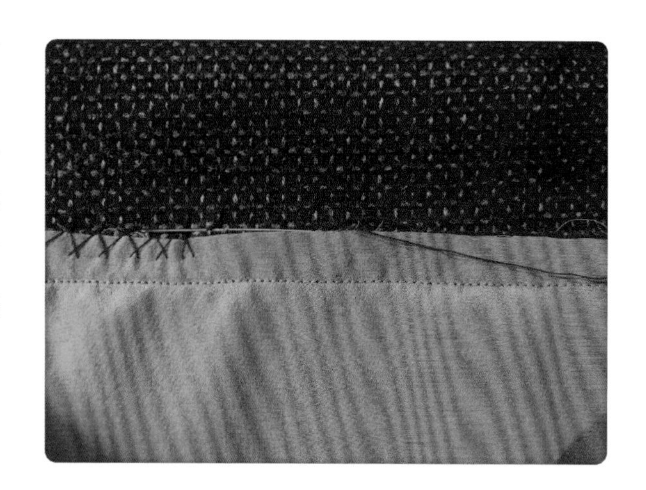

第五步：用手针固定里子与面料的侧缝及内袖缝、肩及外袖缝。手缝固定里子与衣片的侧缝时线不能紧，要尽量松一点。针距不能过密，在3cm左右。

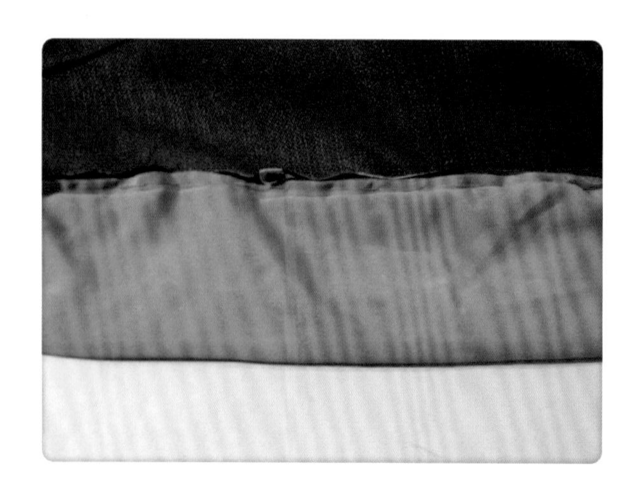

② 固定领底

第一步：将领里翻起来放在上面，沿着领底的绢线缝合领底的里子与衣片。

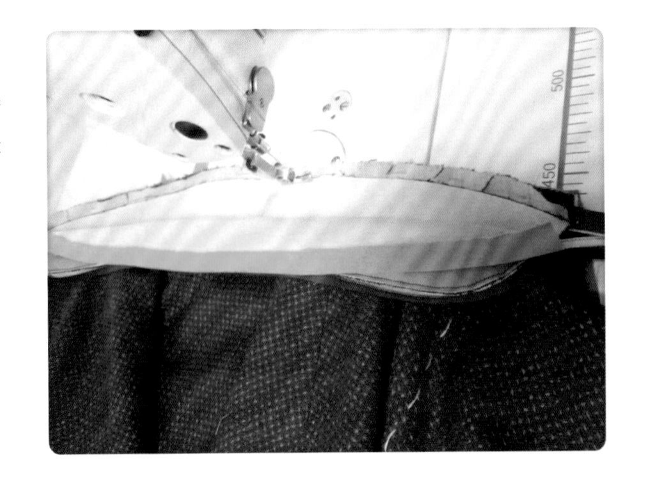

第二步：将领里放回来后，用熨斗扣烫平整后，用大号针固定领底边缘。

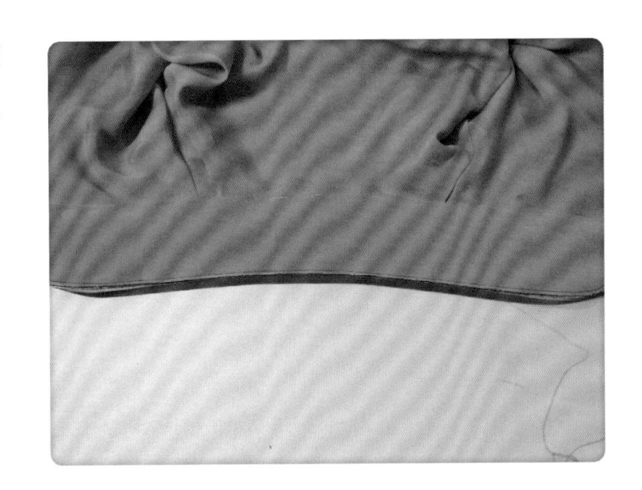

第三步：用做绲边扦边一样的手针“藏针缝”牵领里的边。

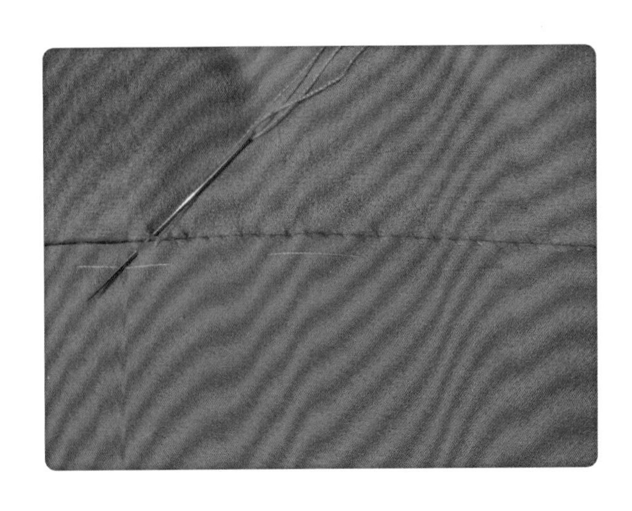

第四步：将领底扣烫平整。

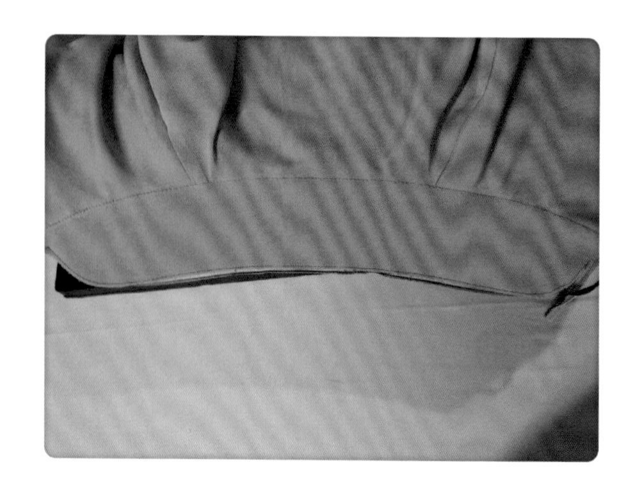

（15）上领口往下前片小襟部分的绲边

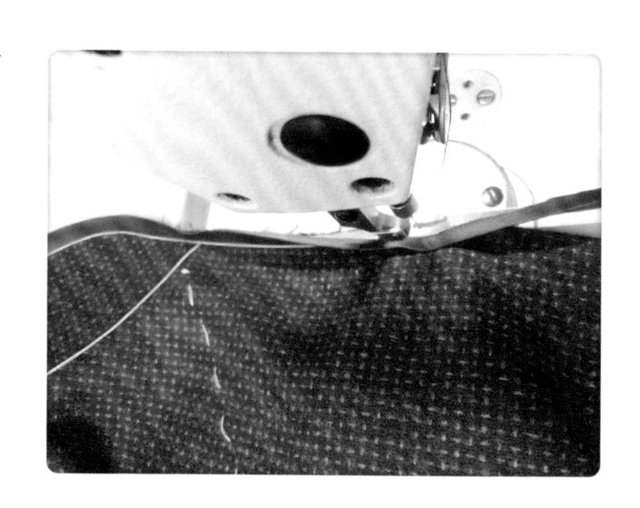

（16）上扣袢（扣袢条直径0.2cm左右为佳）

① 根据前襟扣位，确定上扣袢的位置及个数。此款旗袍在大襟开襟位置需要8个扣袢。按照本章第四节的方法制作袢条，剪成6cm左右。

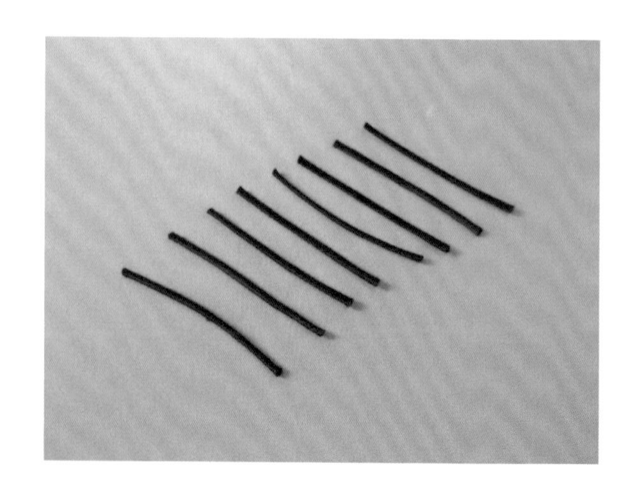

② 将扣袢缝在大襟做记号的位置上。注意缝的时候，留袢条长4cm左右，将两端并排在一起机缝固定在布料上。

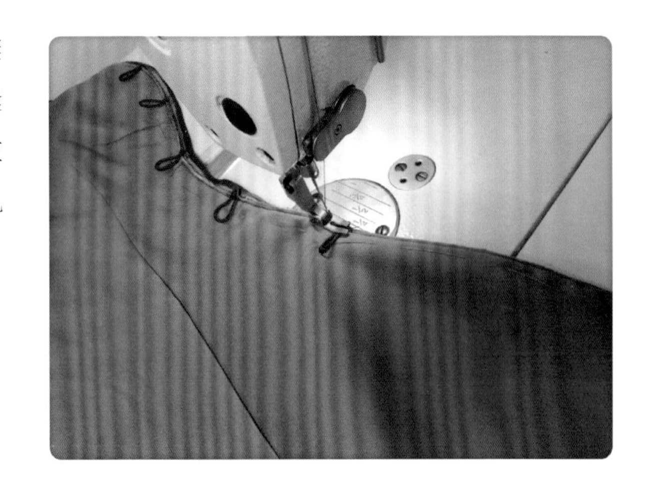

（17）手针仟边，完成绲边　在仟边时先用棉线将包边与衣片固定，这样仟边时不容易走形。另外仟边时要注意线的松紧度，保持针脚的松紧度，方向、针距一致。打开衩位置的线结。

手缝仟边如图。

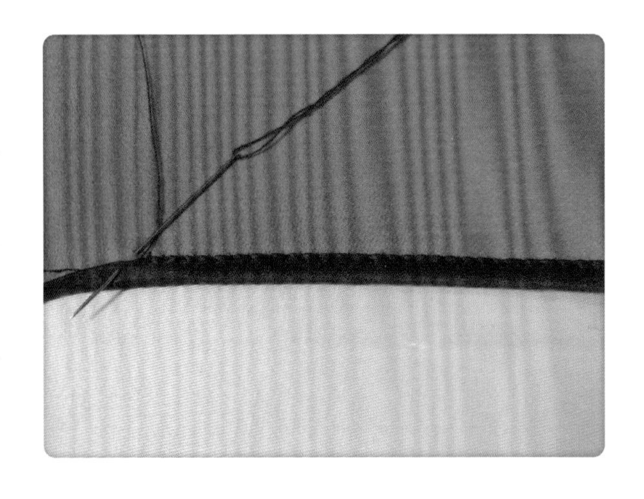

开衩部位的线结如图。

（18）整烫　将旗袍的线头剪净，把手针固定线拆掉。整烫的顺序是从旗袍的里布下摆处开始熨烫，由下到上，由里到外。将胸部、背部及臀部放在布馒头上整烫。整烫时注意在正面垫水布，控制好

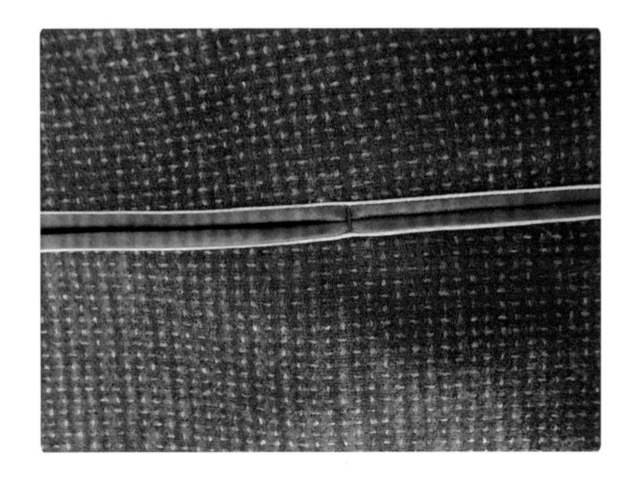

温度，避免出现烫黄、水迹和烫焦的现象。通常整烫完毕后将旗袍挂在人台上检查整体是否板正，下摆是否平直，需要对花对称的部位是否对位等，发现问题要及时调整。

（19）做盘扣、钉盘扣

① 按照本章第四节做盘扣的方法，做好盘花扣。

② 钉盘扣。

第一步：划衣片盘扣位置，将盘扣用大头针固定在衣片边缘上。

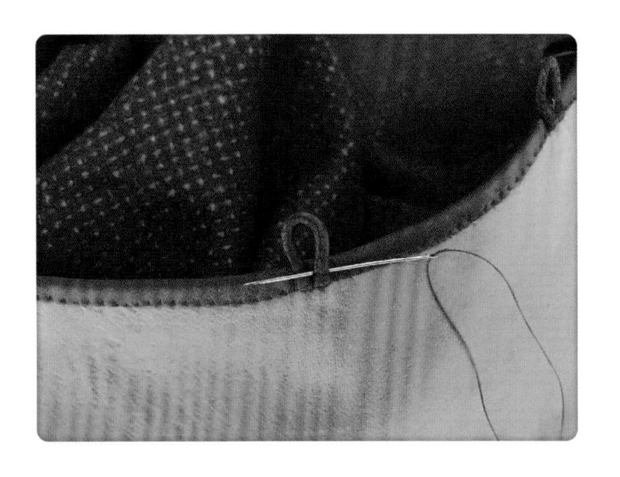

第二步：将盘花钉在衣片上。用棉线缝扣花，用丝线手缝固定扣身（参考本章第四节一字扣缝制方法），用丝线缝扣头（参照本章第四节缝扣头方法）。

第三步：将扣袢用手针固定在绲边上，将扣袢露出边缘。注意扣袢要钉死，露出的部分长度适中留有扣头的活动量，但不能太松。

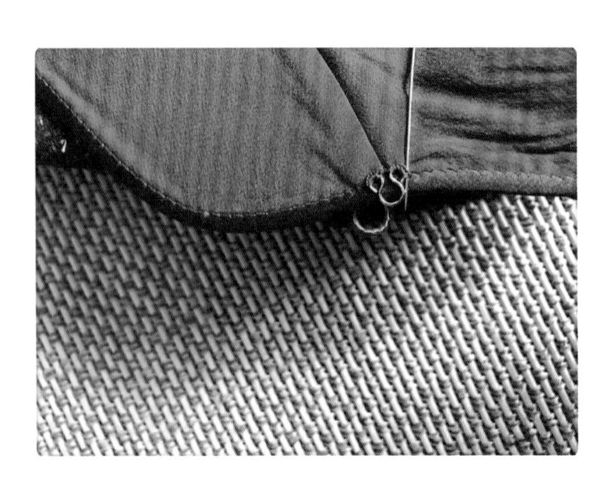

第四步：缝领口里面的搭扣。

第五步：缝盘扣之间的暗扣。

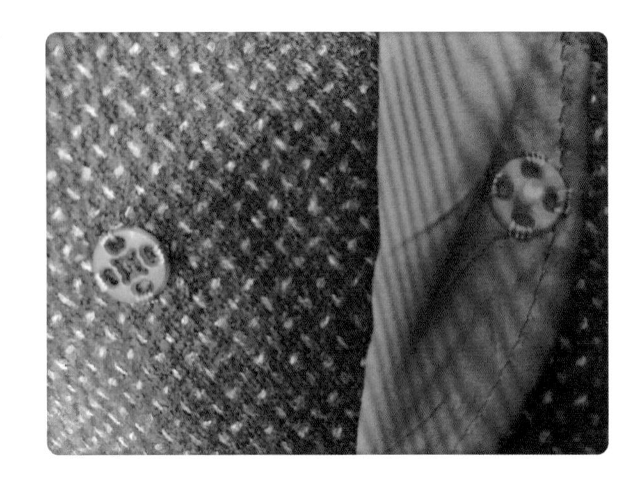

（20）熨烫，缝制完成盘扣效果如图

左右底摆效果如图。

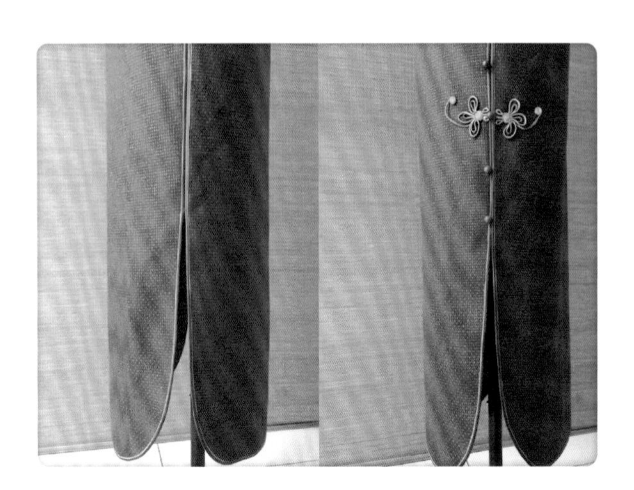

七、旗袍制作实例

(1)款型说明

款型特征　前后两片式连肩袖、单襟圆曲线襟、7分拼接喇叭袖、圆摆、领底及袖口镶花边装饰。

面料　藏青色(有纹理)进口羊毛绒面料(120支纱、克重380g/m^2)

内衬　宝蓝色(重磅真丝双绉19姆米)

绲边　双色滚嵌边(重磅真丝缎19姆米)

盘扣　双色花篮扣(重磅真丝缎19姆米)

备料如下。

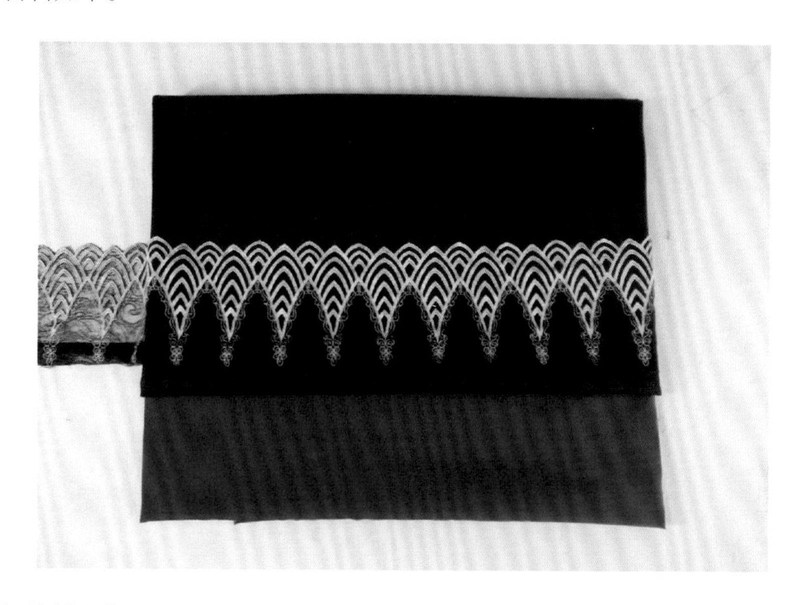

绲边效果如下。

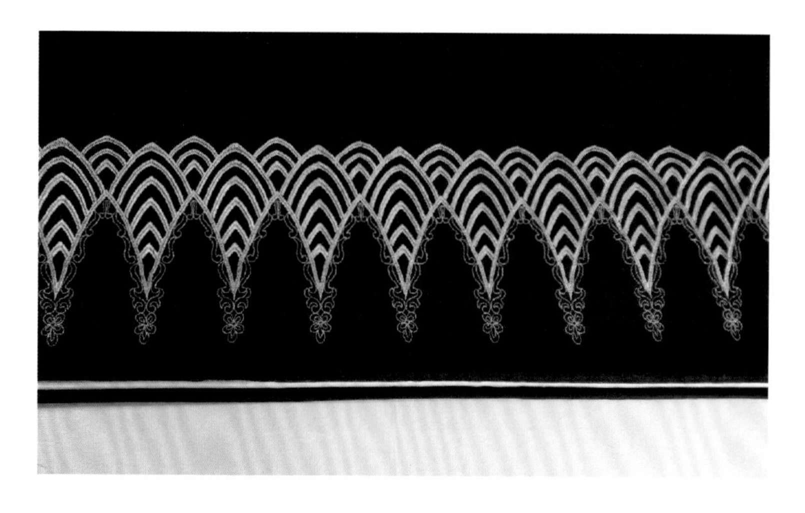

（2）裁剪

① 缩烫　在面料及内衬以及花边反面用蒸汽熨斗熨烫。

预缩面料

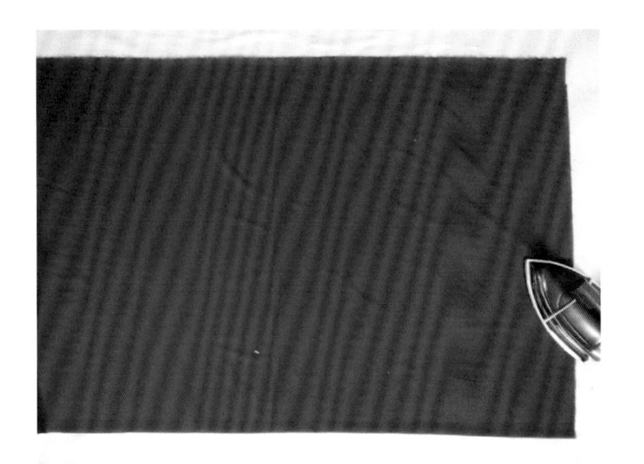

预缩内衬

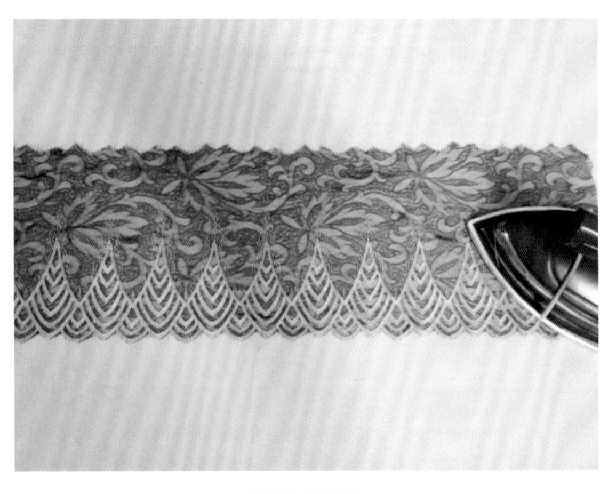

预缩花边

② 排料　在面料反面按面料丝道的方向进行排料。下图排料图是比较省面料的一种方法，因面料无倒顺毛、无图案。

③ 复制版型　在布反面复制版型，画线做记号。

④ 裁剪前片大襟　按照做好的记号，用布剪刀从边缘开始裁下前片大襟，并在下摆中间打上剪口，用手针在腰线、臀围线位置做好标记线。

第一步：从边缘开剪，顺着记号线剪开布片。

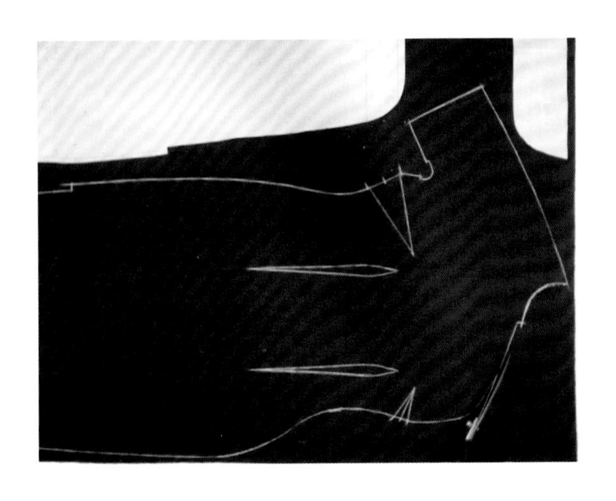

第二步：在腰线和臀围线处手缝标记线。

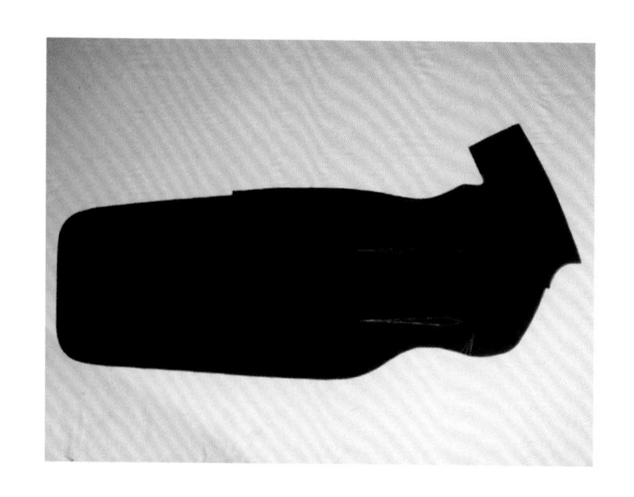

⑤ 裁剪后片　按照做好的记号，用布剪刀从边缘开始裁下后片，并在下摆中间、领中打上剪口，用手针在腰线、臀围线位置做好标记线。

第一步：从边缘开剪，顺着记号线剪开布片。

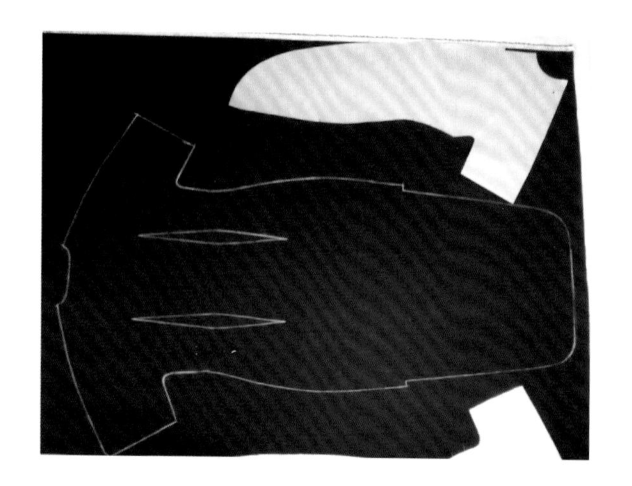

第二步：同前片大襟，后片裁剪完成。

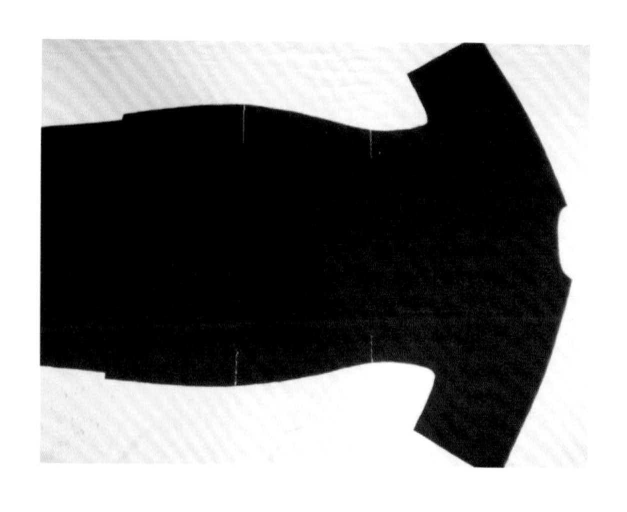

⑥ 裁剪前片小襟　按照做好的记号，用布剪刀从边缘开始裁下前片小襟，用手针在腰线、臀围线位置做好标记线。特别是要做好开襟曲线的标记线。

第一步：从边缘开剪，顺着记号线剪开布片。

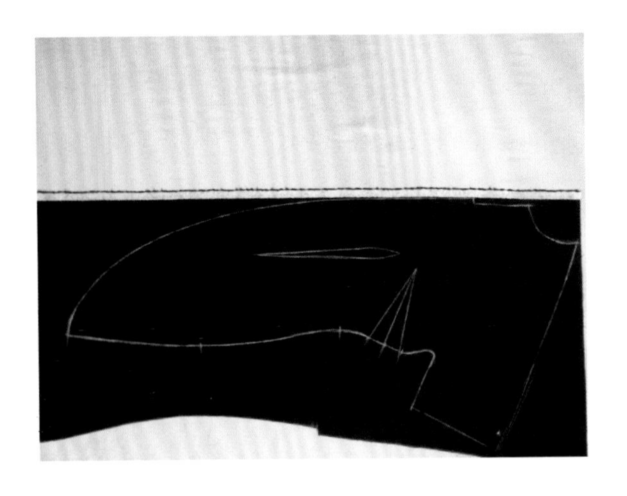

第二步：在腰线和臀围线处手缝标记线。

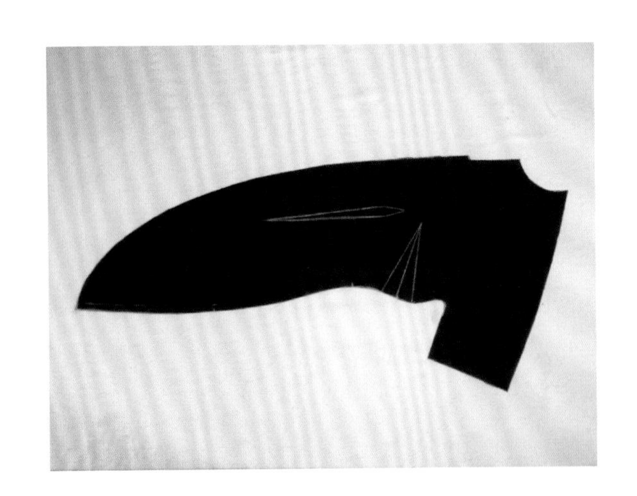

第三步：前片小襟做好开襟曲线标记线。

⑦ 裁剪领面和下摆贴边、喇叭袖面　按照做好的记号，裁剪领面，接着给下摆贴边、喇叭袖反面粘衬，加强记号后裁剪下摆贴边、喇叭袖面。

领面及下摆贴边

喇叭袖面

⑧ 按照裁剪面料的步骤裁剪内衬　包括前片大襟、后片、前片小襟、领里、喇叭袖里。

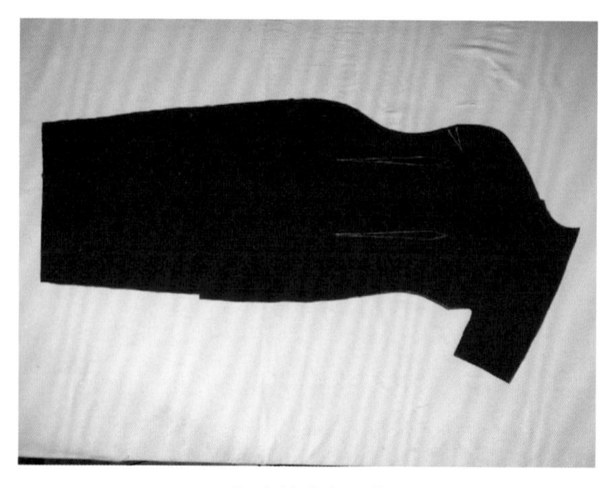

内衬前片大襟

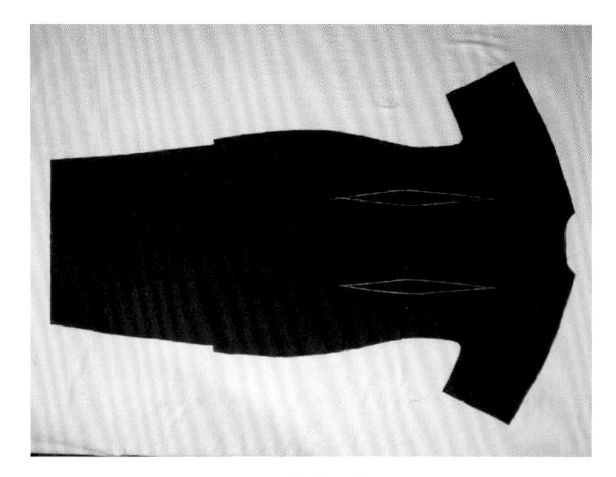

内衬后片

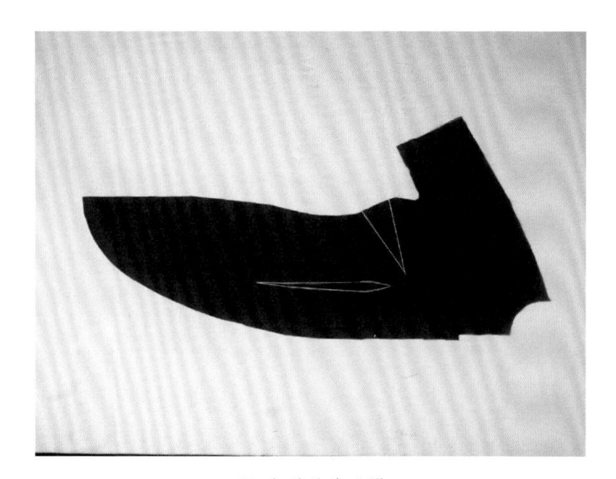

内衬前片小襟

领里、喇叭袖里

（3）缝制

① 缉省　省尖对折由一端缉到另一端，在省尖，线头打结到位。分别缉前胸省、前腰省、后腰省。

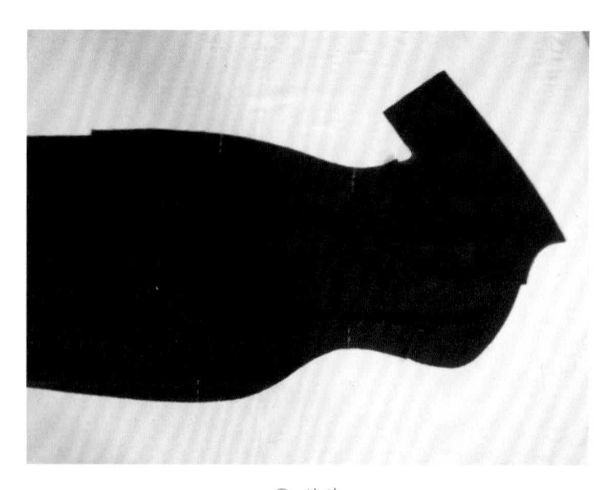

前片

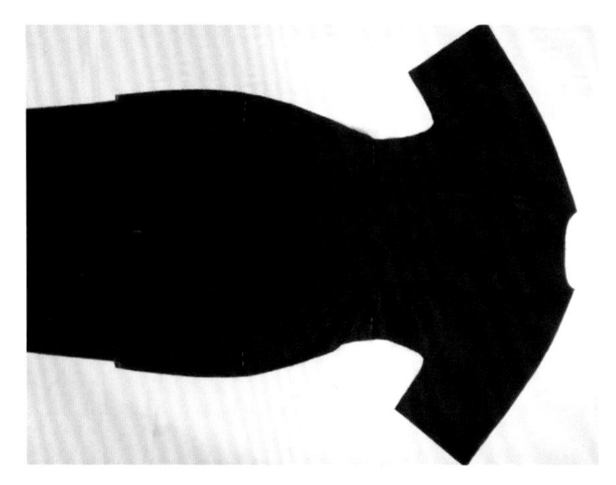

后片

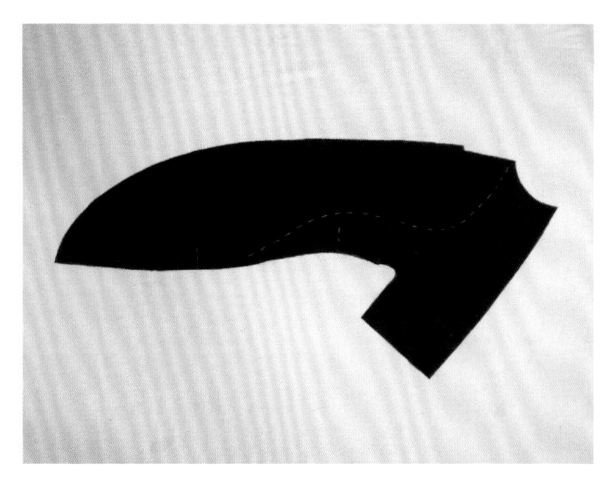

前片小襟

② 烫省及归拔衣片

用熨斗分别把前胸省、前腰省、后腰省扣烫平整后进行归拔。

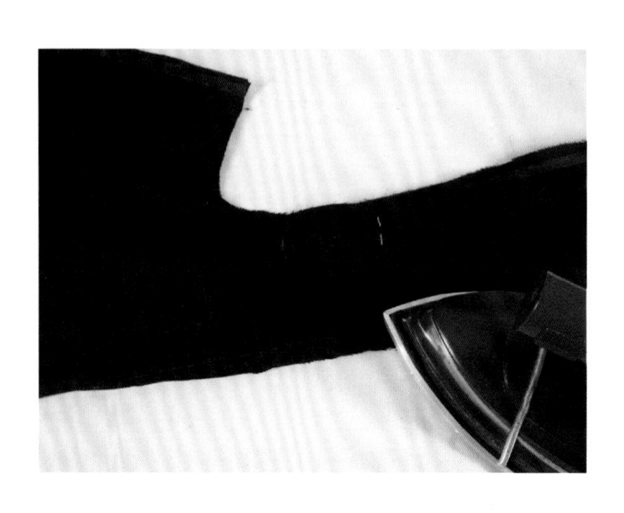

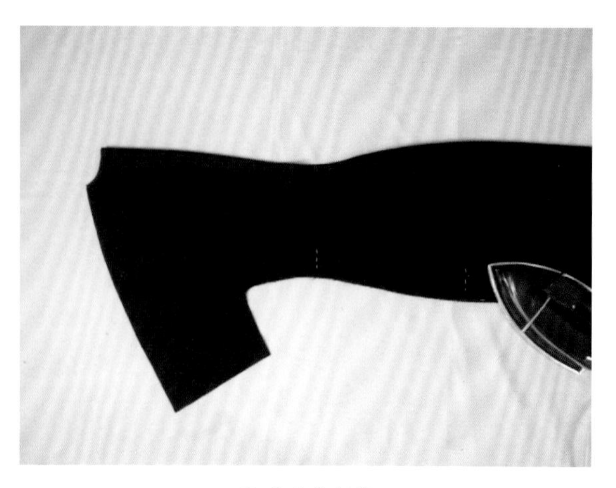

烫省并归拔

③ 粘衬、带嵌条　分别在整个前片大襟、后片、前片小襟边缘扣烫2cm左右斜丝无纺衬。同时在一些特殊位置扣烫薄型有纺直丝粘合衬，宽1.2cm左右。

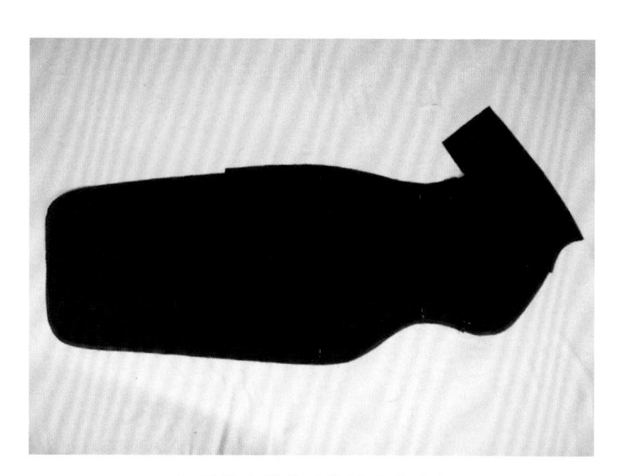

前片大襟粘边缘衬并带嵌条

后片粘边缘衬并带嵌条

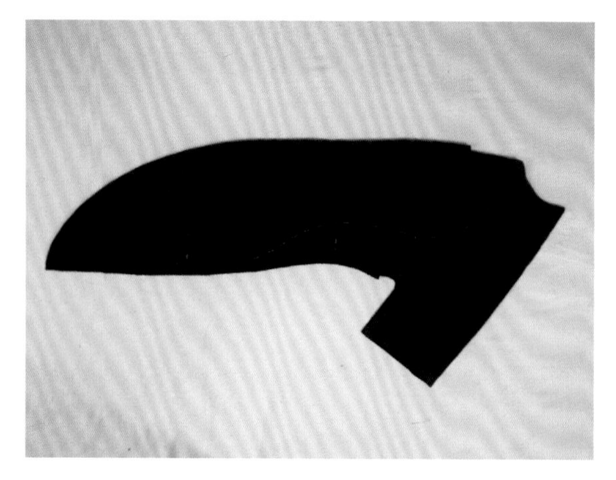

前片小襟粘边缘衬并带嵌条

④ 做前片小襟。

第一步：缉省、烫省，方法与前片大襟同。

第二步：将前片小襟面料与里料面对面，距边缘1cm缉一道线。

第三步：将缉好的小片翻面朝上顺着缝线铺开，在内衬上距边缘0.1cm处再缉一道线。

第四步：扣烫小襟。

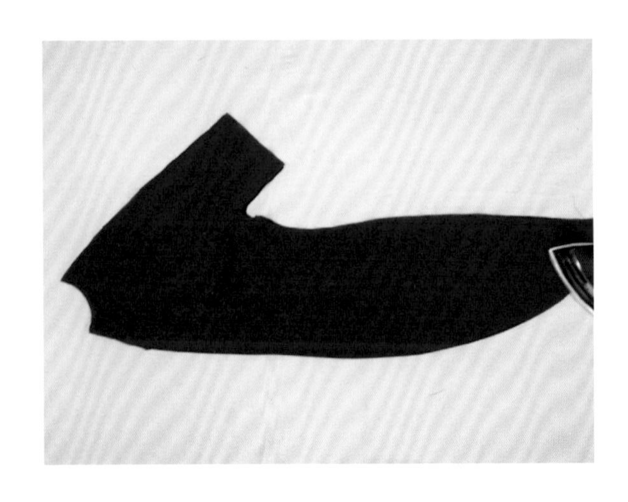

⑤ 合肩及外袖缝。

第一步：将前、后衣片正面相对，前片放上层，肩缝对齐，缉线距边缘0.8 ~ 1cm。在小肩中间处吃后片小肩，即在合缝时，在小肩中间位置前片紧、后片松。

第二步：熨烫肩缝。

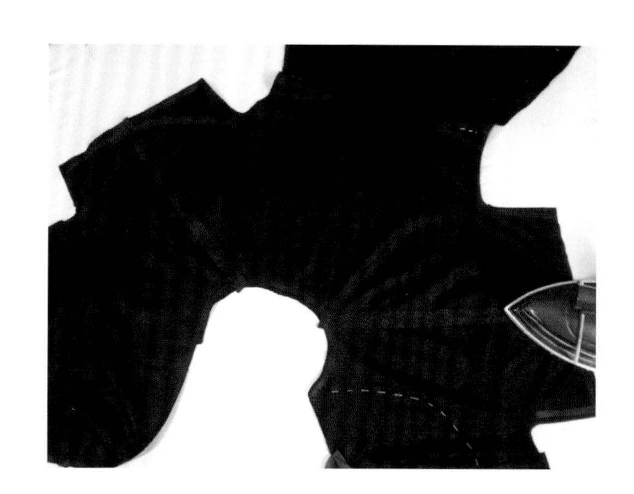

⑥ 镶花边　将花边根据要镶的宽度固定在领底一圈及喇叭袖边。

第一步：将花边围绕领底一圈，确保宽度一致后，用大头针及手缝明线固定。注意花边呈放射状围绕领底一周，用缝纫机

顺着花边褶皱缉一道透明线固定并顺着花边纹理压一道透明线将花边固定在面料上。

第二步：用手缝透明线将花边固定在面料上，不露线迹。然后去掉手缝明线和大头针，并熨烫平整。

用同样的方法固定喇叭袖上的花边，袖口的花边比领口窄一些。

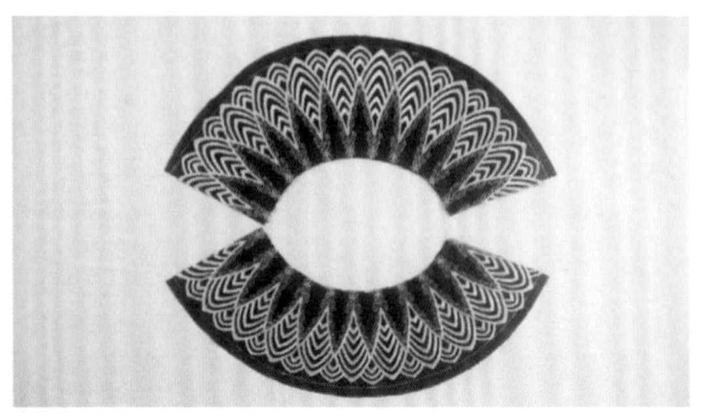

⑦ 做绲边条。绲边双色滚嵌边（藏青色滚边宽0.4cm，米黄色嵌边宽0.1cm）

第一步：将淀粉少量加水搅拌后加热成糨糊，用刮浆刀或刷子把糨糊涂在布料反面，尽量均匀。

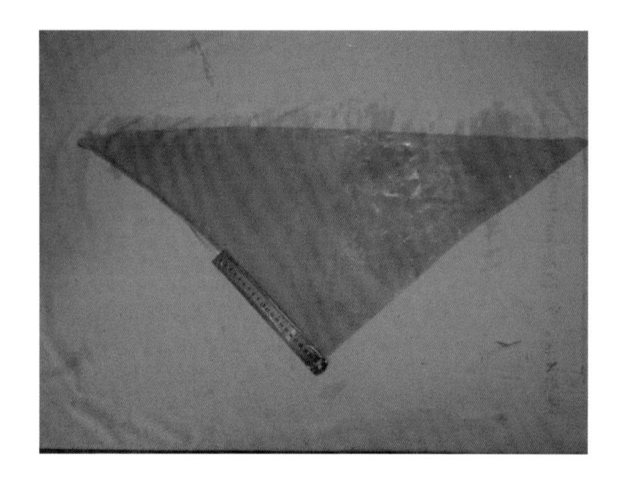

第二步：待布晾干后，使用划粉以45° 角画线，使用剪刀按照画好的线将藏青色、米黄色布料分别剪成宽度4cm、2cm的布条。

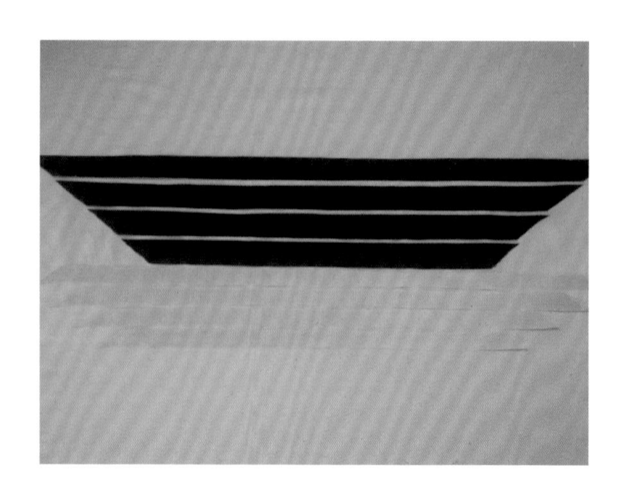

第三步：将米黄色布条正面对折回来烫平。

第四步：将对折的米黄色布条放置在藏青色布条上方与左边对齐，沿右边布条距边0.1cm处用缝纫机缉一道线。

第五步：将藏青色米黄色重叠的布条一边留0.5cm，将多余的布条剪掉，并熨烫平整。将另一边布条离缝线0.5cm处往反面对折，刚好包住另一边的布条，扣烫平整后大约留0.5cm并剪掉多余的布条。

第六步：将另一边的布条离缝线0.5cm处往反面对折，扣烫平整。再将多余的布条顺着另一边的折叠并扣烫，留缝份0.5cm，绲条完成。

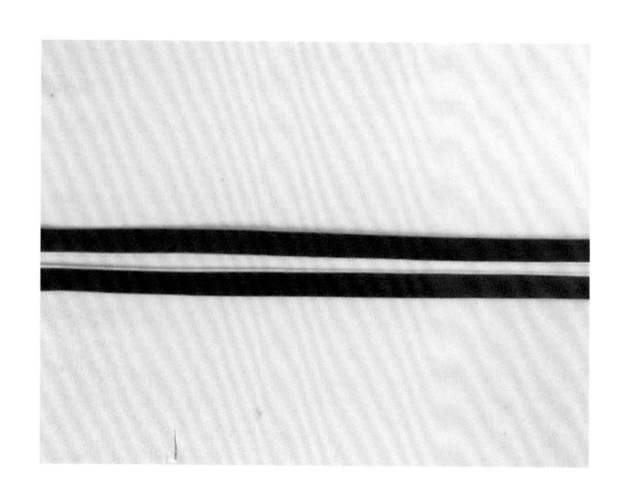

⑧ 上绲边条　将绲条缉在衣片的边缘上。

第一步：上前片大身的绲边。上绲边条的位置：沿前片大襟边缘从领下位置开始沿曲线襟直到底摆转到另一侧臀围线上2cm位置。

第二步：上后片大身的绲边。上绲边条的位置：沿后片边缘从臀围线上2cm位置往下摆转到另一侧臀围线上2cm位置。

第三步：上袖中拼接处的绲边。

第四步：上喇叭袖口绲边。

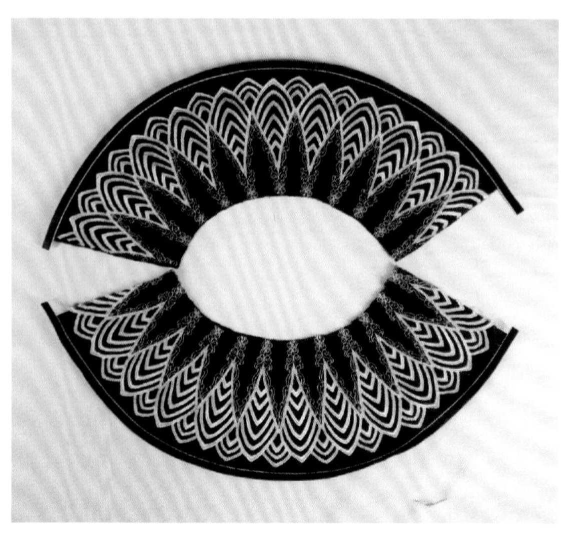

⑨ 拼接喇叭袖，合侧缝及内袖缝。

第一步：将喇叭袖与袖中拼接处面对面重叠在一起，在反面缉线。

第二步：翻转铺平熨烫。

第三步：将前后衣片侧缝、袖缝拼接缉缝。腋下缝线需要加固。

第四步：劈烫侧缝及袖缝。

第五步：翻到正面，再进行熨烫。

⑩ 做领子、上领子。

第一步：做领子。将净领衬烫在领面的反面。领面粘硬衬，领里粘有纺衬，扣烫领里下口。

第二步：将绲边条绱在领面上口，包转、缲牢，并做好装领对位标记。注意领子正面右侧需要留出长10cm以上的绲边条。然后翻转绲边条，扣烫领子。

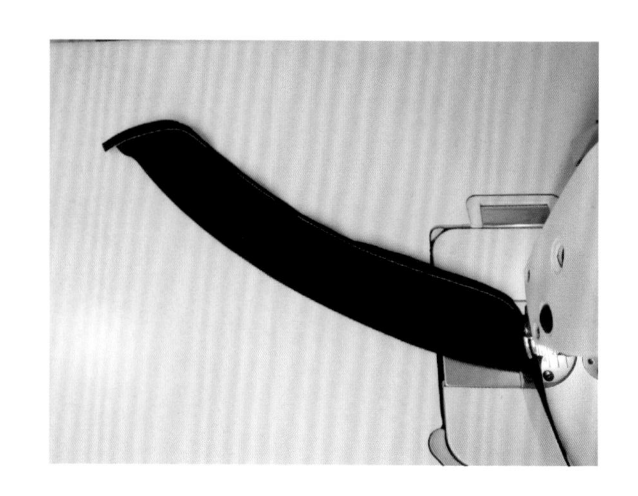

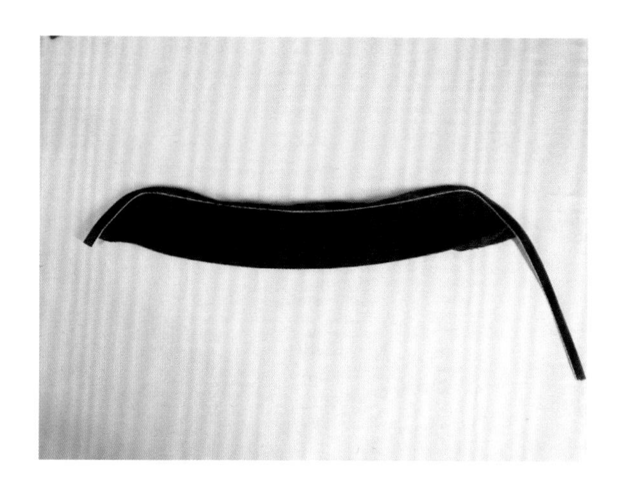

第三步：上领子。领面与领口正面相对，领面在上，从左襟开始起针沿领衬下缉线。

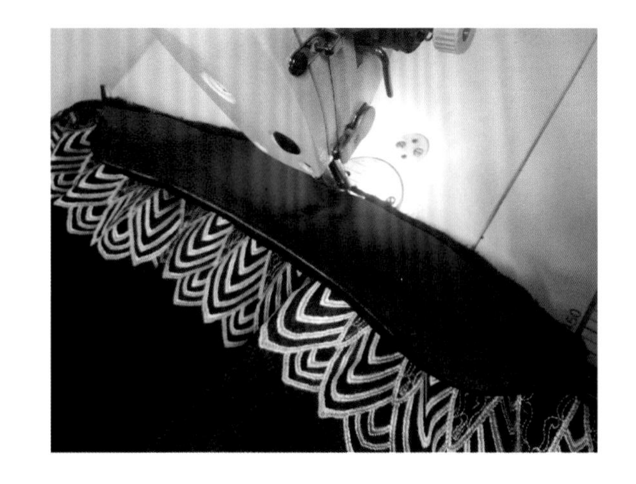

第四步：倒烫领面。

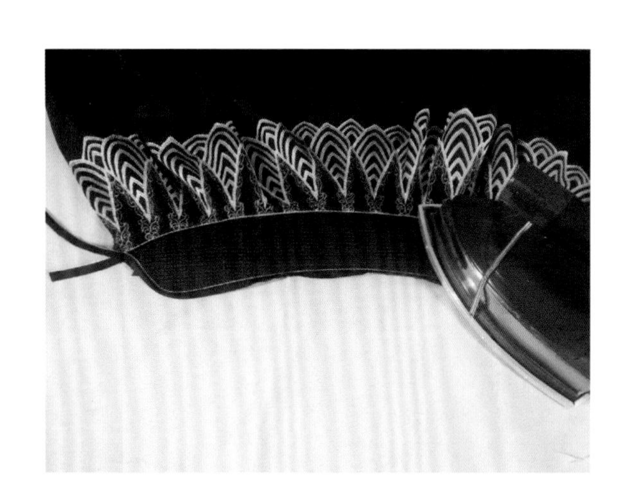

⑪ 做大身里布。按照做面料同样的制作步骤（缉省、烫省、归拔等）做里布的前片大襟和后片，分别拼接底摆贴边，并将里布进行合片。利用“来去缝”合里布大身。

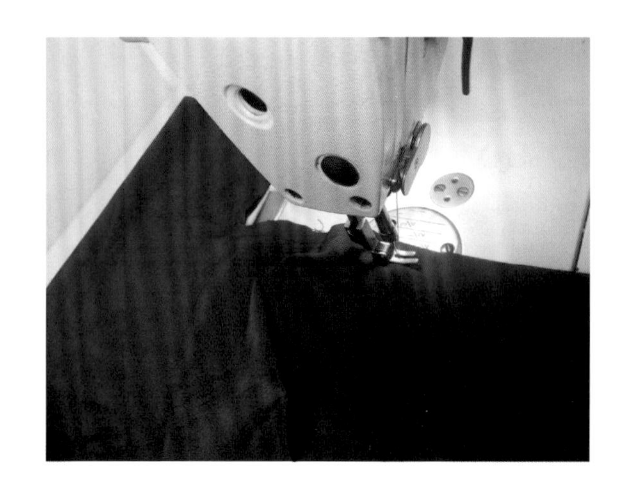

⑫ 固定里子与衣片。固定里子与衣片包括固定大襟及底摆、领底，固定前片大襟左侧摆和肩袖里子与衣片，固定袖口。

第一步：将里子与衣片的大襟里里相对，用棉线将边缘用手针固定。

第二步：从侧摆开衩位置沿着底摆转到大襟直至领口，顺着绲边的线迹将里子和衣片缉线，留2cm的缝头。

第三步：缝合里子与衣片的袖口。

第四步：用手针“千鸟缝”，反面不露线迹，将底摆贴边部位的缝头在反面固定在面料一侧。

第五步：用手针固定里子与面料的侧缝及内袖缝、肩及外袖缝。手缝固定里子与衣片的侧缝时线不能紧，要尽量松一点。针距不能过密，以 2 ~ 3cm 为宜。

第六步：将领里翻起来放在上面，沿着领底的缉线缝合领底的里子与衣片。

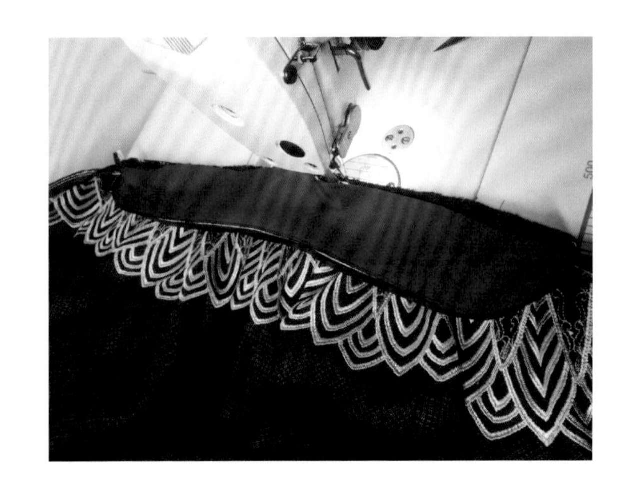

第七步：将领里放回来后，用熨斗扣烫平整后，用大头针固定领底边缘。

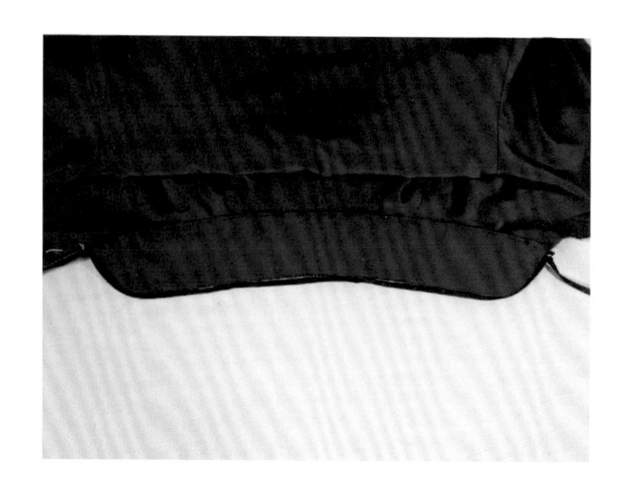

第八步：用做绲边扦边一样的手针“藏针缝”扦领里的边。将领底扣烫平整。

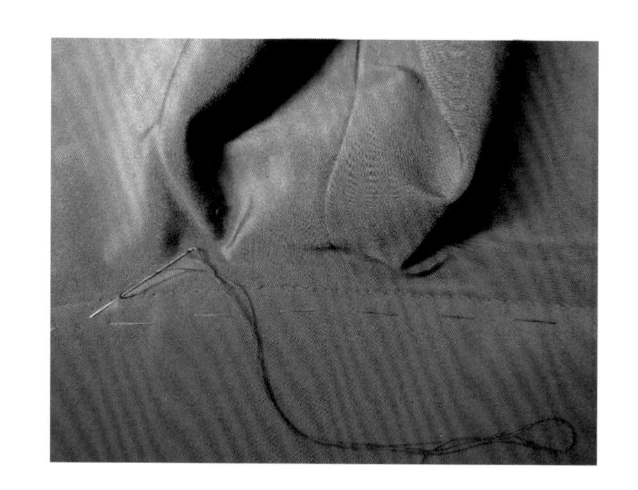

⑬ 上领口往下前片小襟部分的绲边。

⑭ 上扣袢。(扣袢条直径0.2cm左右为佳)

第一步：根据前襟扣位，确定上扣袢的位置及个数。制作袢条，剪成6cm左右。

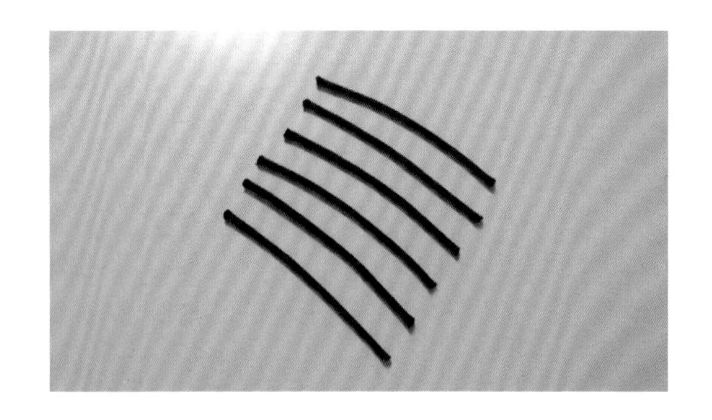

第二步：将扣袢缝在大襟做记号的位置上。注意缝的时候，留袢条长4cm左右，将两端并排在一起机缝固定在布料上。

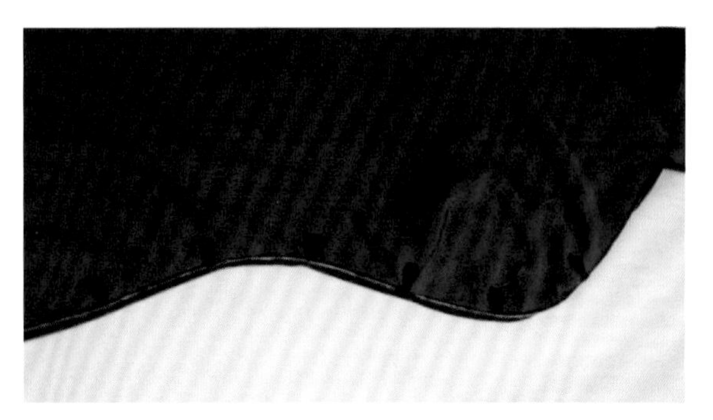

⑮ 手针扦边，完成绲边。在扦边时先用棉线将包边与衣片固定，这样扦边时不容易走形。另外扦边时要注意线的松进度，保持针脚的松紧度，方向、针距一致，注意打开衩位置的线结。

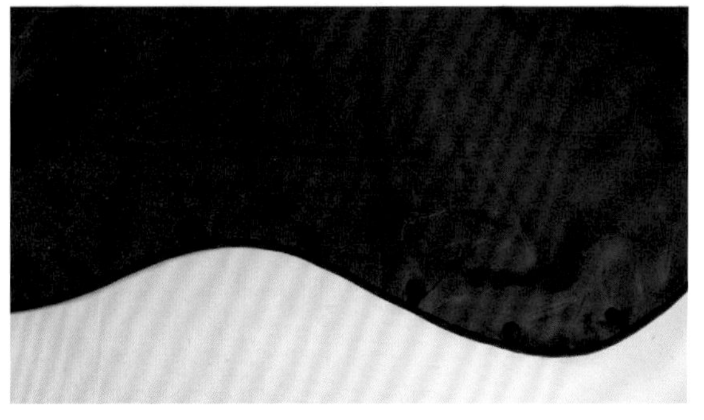

⑯ 整烫。整烫的顺序是从旗袍的里布下摆处开始熨烫，由下到上，由里到外。将胸部、背部及臀部放在布馒头上整烫。

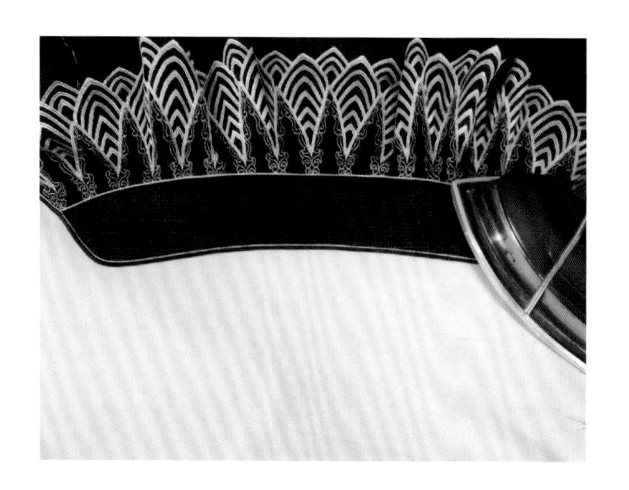

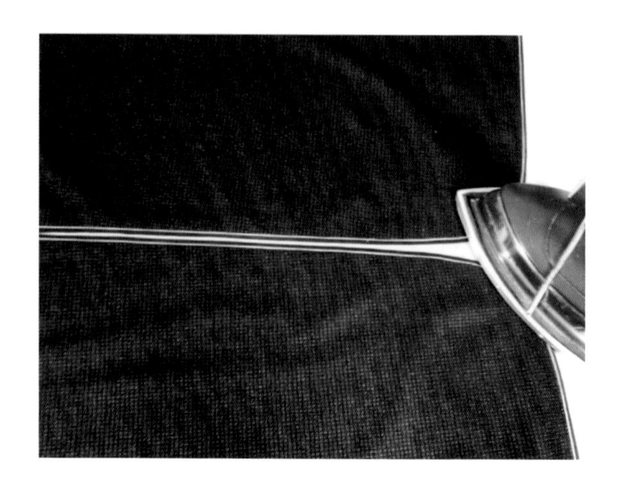

⑰ 做盘扣、钉盘扣。

第一步：做好盘花扣。

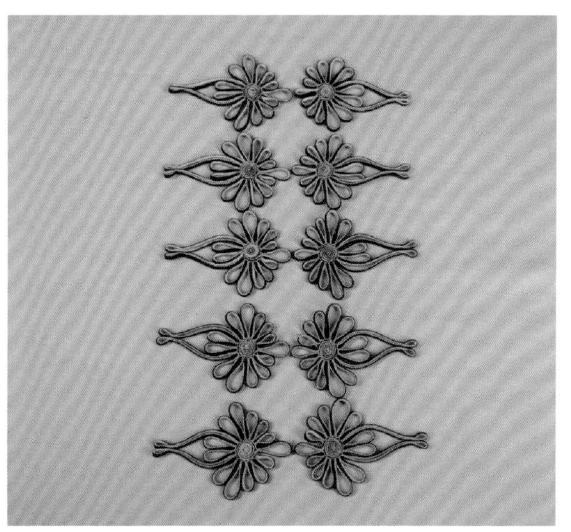

第二步：画扣位。

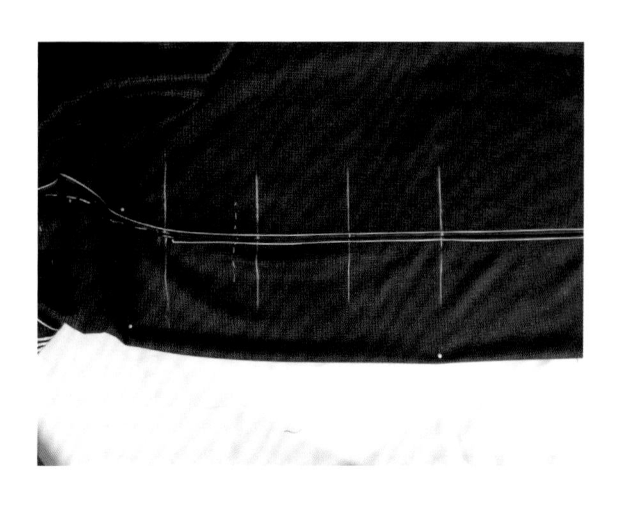

第三步：固定盘花扣，并用手针缝在面料上。

第四步：将扣袢用手针固定在绲边上，将扣袢露出边缘。注意扣袢要钉死，露出的部分长度适中留有扣头的活动量，但不能太松。

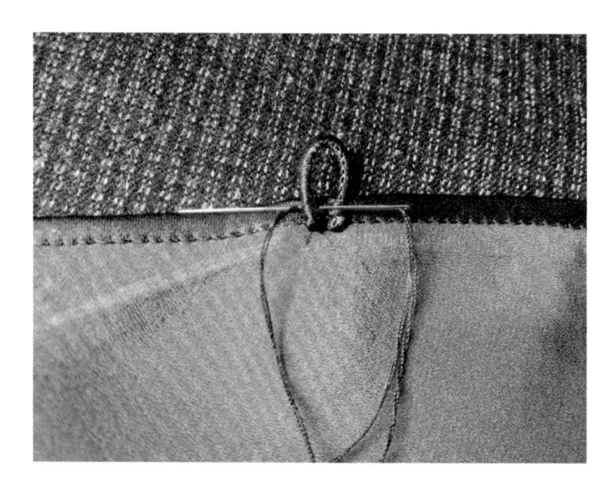

第五步：钉珠扣。用丝线缝扣头。

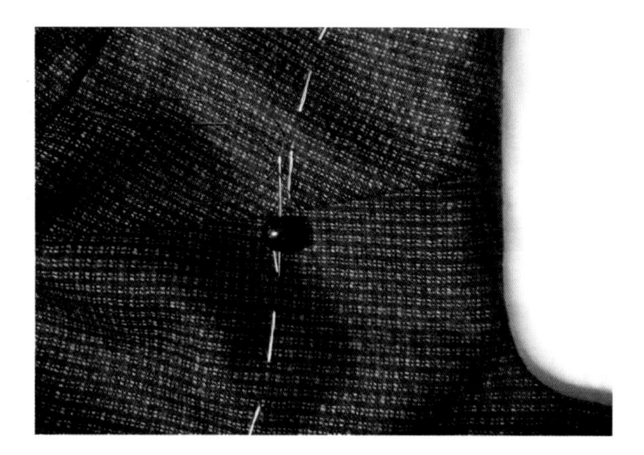

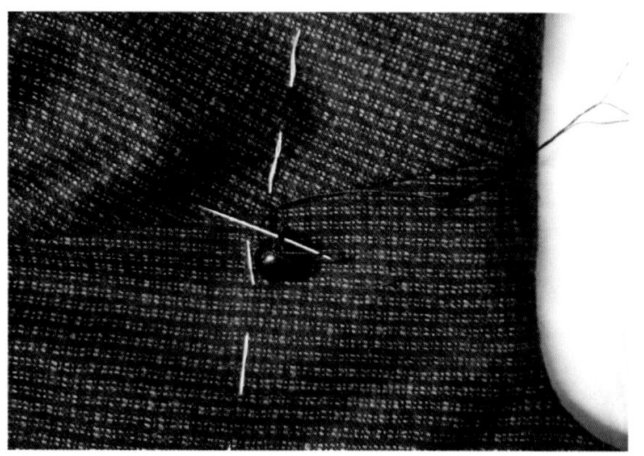

第六步：钉暗扣。

第七步：钉领子里面的搭扣。

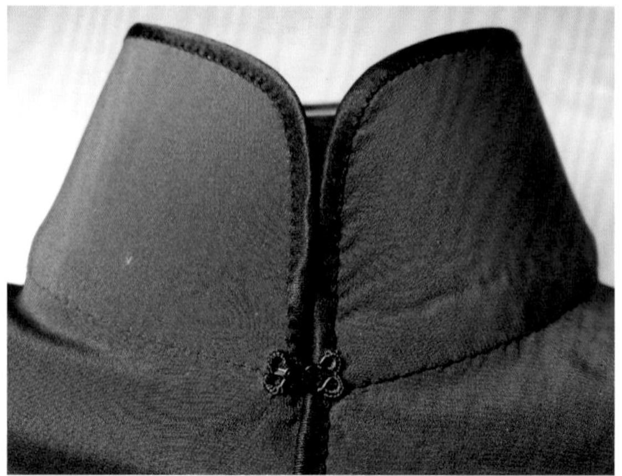

钉扣完成如下图。

⑱ 再次熨烫，将旗袍的线头减净，把手针固定线拆掉。将旗袍挂在人台上检查整体是否板正，下摆是否平直，需要对花对称的部位是否对位等，发现问题要及时调整。

右侧

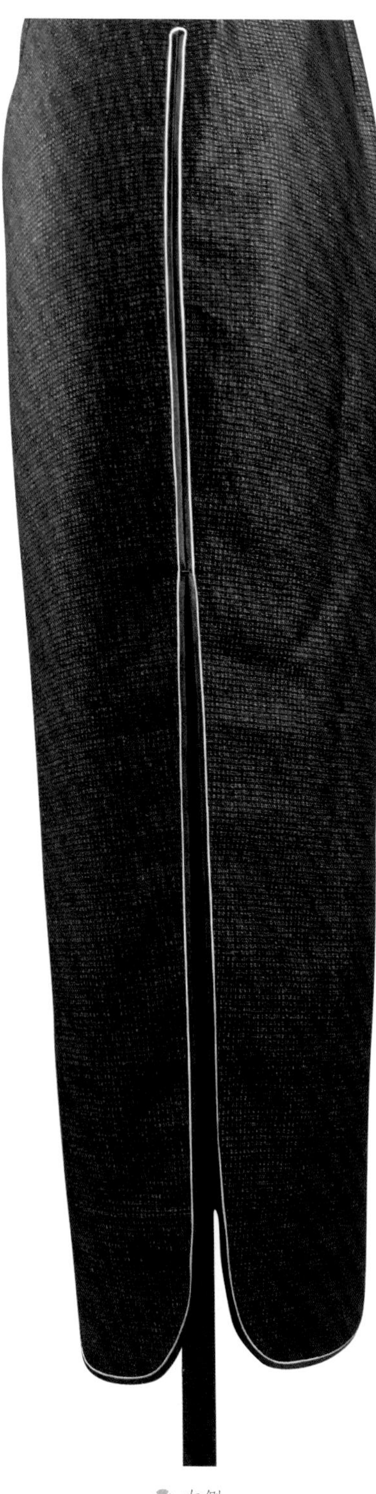

左侧

右襟

第五章 旗袍的选择

人的礼仪主要体现在三个方面：衣着容貌、行为举止、言语辞令。外在形象是一种无声的语言，它反映出一个人的道德修养，也向人们传递着一个人对生活的态度。

“衣”是礼仪的外化。旗袍作为中国传统文化的象征、中华服饰文化、服饰文明的标志之一，本身就代表着“礼”。因此熟知旗袍礼仪，既是对优秀传统文化的理解与尊重，也是对传统文化的继承和发扬。也唯有如此，才能把旗袍穿出文化。

旗袍品种繁多。如何得体的穿着旗袍？要根据自己穿用需要而定。

1. 根据场合选择旗袍

旗袍的穿着与搭配和其他服装一样，也有一定的规范和要求。可分为正式场合和非正式场合。

正式场合一般指参加节庆典礼、外事访问、隆重会议、文艺演出和婚礼宴会等，穿着的旗袍必须面料高档(如进口纯羊毛类)、款式庄重(如丹青旗袍、绣花旗袍)、做工精湛。穿着时必须将所有扣子系好，应注意发型和化妆。这些高级面料制作的旗袍能充分表现东方女性体型美、点线突出，丰韵而柔媚，华贵而高雅，如果在胸、领、襟稍加点缀装饰，更为光彩夺目。作为礼服的旗袍一般是十分华丽庄重的，要尽量选择做工考究、厚薄适宜、修身效果好的旗袍。

非正式场合一般指家庭团圆、朋友聚会、外出旅游、休闲散步和家庭休息等，这时可选择面料舒适、款式简洁的旗袍，当然也可选择高档精美的旗袍在非正式场合穿着，可选择其他一些饰品，如皮鞋、围巾、眼镜、提包等，充分利用自己的特点和爱好，精心搭配。

旗袍的面料、花色应与着装的场合相协调。普通棉布和真丝织锦缎做出同样款式的旗袍，其风格会截然不同：一个朴素雅致，另一个华丽高贵。春、秋季节应考虑用稍厚的料子比如不易起皱、回弹性好的高支纱纯羊毛较好，颜色也相比较而言靓丽一些；夏季应考虑轻薄透气、吸汗性较好的真丝香云纱、真丝双绉、杭罗等面料；冬天的旗袍以纯羊毛（绒）为主，既保暖又不会显得臃肿，依然可以很好的衬托身体曲线的优美。

面见领导和应聘面试时，最好穿深色款式简洁的旗袍，使人感觉你对工作非常认真；探病时亦可穿欢乐的颜色组合，千万不要穿黄色、黄绿色等单调颜色的旗袍，那只会增添伤感。出席宴会如想突出自己的亲善，可以选择柔蓝、桃红、淡紫或绿金搭配的旗袍。旗袍撞色调当选柔和一点的，对比色调太强烈(如黄黑配搭)，只会破坏友善气氛，因为黄、黑这类强对比色彩象征权威而且是不可接近的权威。

2. 根据外形选择旗袍

旗袍因其修身的设计，是最能体现女子的曲线美的服饰，但也正因为旗袍比较修身，所以旗袍一定要量身定做。太小太紧的旗袍会过分暴露身材的缺点，并且造成行动不便，穿着不舒适；而太大太松的旗袍则完全无法将曲线美展现出来，所以定制时要选择适合自己外形的旗袍。不同的年龄、脸型、身材适合的旗袍也不同。

（1）根据年龄选择旗袍

① 年长的女性拥有丰富的人生阅历，面容慈祥和蔼，内心从容淡定，能驾驭面料颜色饱满鲜艳、款式华丽的旗袍，以体现庄重华贵的精神风貌。旗袍款式尽量要舒适、实用为主。袖型以简洁的中长袖为主，开衩也宜尽量低于膝盖的位置。

② 中年女性内在丰满、个性鲜明，宜选择色彩饱和度低、细节考究的旗袍，

以便更好的彰显独特韵味，体现知性优雅之美或端庄婉约之美。中年女性的旗袍可以在盘扣、袖型、领型、包边装饰等方面做各种变化，彰显不同的个性气质。

③ 年轻女性要么选择淡雅简洁的款式以体现清新自然之美，要么选择绚丽多彩的颜色和活泼俊俏的款式，以体现青春活力。总之不同的年龄层次选择的旗袍也不同。

（2）根据脸型选择旗袍

① 椭圆形脸是穿着旗袍最适合的脸型，基本上任何款式的旗袍都可穿着。

② 方脸型的女子会给人以棱角分明之感，因此旗袍的领型和襟型一定要圆润。大圆领和圆襟的旗袍可以缓和这种脸型的刚硬感。

③ 长脸形在选择旗袍时，尽量选择饱满一些的领型。高高的直领是不错的选择，襟型尽量要前胸斜度小的襟型。

④圆脸型非常适合V形领、大圆领。因为领口抹去较多，形成一个倒三角，视角上能够拉长脸型，增强立体感。

⑤ 瓜子脸非常适合穿旗袍，各种款式的旗袍都能穿出很美的感觉。

⑥ 倒三角脸型由于上额大下颚小，下巴比较尖，尽量选择方领的旗袍。

⑦ 菱形脸的女子棱角分明，旗袍的领型也是要尽量圆润。

（3）根据身材选择旗袍

① 身材丰满的女性选择面料底色偏暗的、竖向条纹的亚光旗袍，质地不宜太软或太硬。旗袍款式尽量选择面料与包边撞色的宽镶边搭配。旗袍的款式也不宜太贴身。身材肥胖的人最好不要穿红、黄、白色等色彩的旗袍，因为明亮调子的色彩会给人一种扩张感，使本来就肥胖的身材显得更加肥大。

② 身材过瘦的女性可以选择面料底色较浅或高明度的旗袍，质地要硬挺一些的面料，以弥补身材的不足。适合选择一些横向条纹和大格纹或大花的面料。相反，身材纤细的人也不宜穿深暗色调的旗袍，因为深暗色调给人一种收缩感，会使体形更为纤细而显无力。

③ 身材矮小或扁身材的女性可以选择双曲线襟的长到脚踝的旗袍，这样可以在视觉上给人以修长的感觉。

④ 脖子粗的女性，可以选择下移领底，有斜度的圆领型的旗袍，这可以避免立领带来的不舒适感，还能让脖子看起来细长一些；脖子细长的女性，可以选择高一些的方领型旗袍。

⑤ 如果腰部较粗，可以选择曲线襟并将开衩绲边装饰延长至臀部；臀部偏大的女性，臀部尽量用简洁的盘扣款式。

⑥ 上身较宽的女性，可以选择双曲线襟的旗袍。双曲线襟通过对上半身进行线条分割，可以视觉上让整个身材比例更协调。臂部偏大的女性，可以选择肩缝有包边的款式。肩缝加滚边可以从视觉上消去肥胖感。

（4）根据肤色选择旗袍　每个人的肤色都有一个基调，有的衣服颜色与某些基调十分合衬，有的却变得黯淡无光，要找出适合你的颜色，便先要找出你肤色的基调，肤色不同的人适合不同颜色的旗袍。

① 白皙皮肤的特质在于面颊经太阳一晒便容易发红，拥有这类型皮肤的女性是幸运儿，因为大部分颜色都能令白皙的皮肤更靓丽动人，色系当中尤以黄色系与蓝色系最能突出白皙的皮肤，令人显得明艳照人，色调如淡橙红、柠檬黄、苹果绿、紫红、天蓝等明亮色彩最适合不过。

② 皮肤色调较深的人适合一些茶褐色系，浅色调、明亮些的衣服，如浅黄、浅粉、米白等色彩的旗袍，令你看来更有个性，墨绿、枣红、啡色、金黄色都会使你看来自然高雅，这样可衬托出肤色的明亮感。不宜穿深色服装的人，最好不

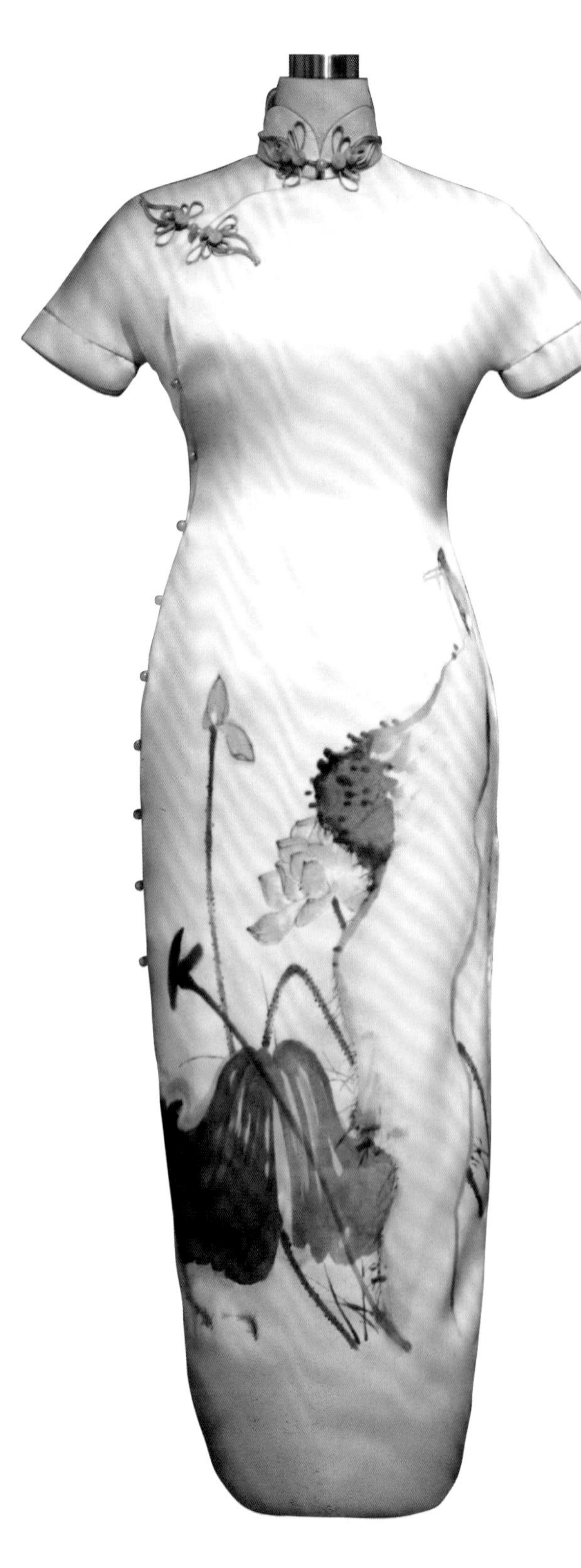

要穿黑色服装，蓝色系的上衣，以免面孔显得更加灰暗。

③ 皮肤偏黄的人宜穿蓝调或浅蓝色旗袍，例如酒红、淡紫、紫蓝色等色彩，这能令面容更显白皙，但不要选择强烈的黄色系、褐色、品蓝、群青、蓝紫色、橘红等颜色的旗袍，以免令面色显得黯黄无光。

④ 拥有健康小麦色肌肤色调的女性给人健康活泼的感觉，黑白这种强烈对比的搭配与他们出奇地合衬，深蓝、炭灰等沉实的色调，以及桃红、深红、翠绿等鲜艳色彩最能突出开朗个性。肤色黄白色的女性适宜穿粉红、橘红等柔和的暖色调衣服，不适宜穿绿色和浅灰色衣服，以免显出“病容”。皮肤粗糙的女性适宜穿杂色、纹理凸凹性大的织物，如粗花呢等，不适合穿色彩娇嫩、纹理细密的织物。

3. 根据气质选择旗袍

和其他服饰最大的不同在于，旗袍是最能体现女性气质的一种服饰。穿着适合自己的旗袍，不光能起到锦上添花的作用，还能够凸显气质和风度，给人一种良好的形象。所以，我们要学会用能够表现自己独特气质的旗袍装扮自己，内在和外表相得益彰。穿着不同的旗袍能够放大女性某一方面的特质。因此，旗袍女人应该是风情万种的。